문과 출신도 웃으면서 보는
양자물리학 만화

문과 출신도 웃으면서 보는
양자물리학 만화

초판 1쇄 인쇄 2021년 4월 05일
초판 1쇄 발행 2021년 4월 15일

글·그림 뤄진하이　감수 장쉔중　옮김 박주은

펴낸이 이상순　주간 서인찬　영업이사 박윤주　제작이사 이상광

펴낸곳 (주)도서출판 아름다운사람들
주소 (10881) 경기도 파주시 회동길 103
대표전화 (031) 8074-0082　팩스 (031) 955-1083
이메일 books777@naver.com　홈페이지 www.book114.kr

생각의 길은 (주)도서출판 아름다운사람들의 교양 브랜드입니다.

ISBN 978-89-6513-640-8 03420

Copyright ⓒ 2019 by Luo Jinhai
Korean translation copyright ⓒ 2021 by Beautiful Peoples
by arrangement with Shenzhen Original Base Network Technology Co., Ltd.
c/o CITIC Press Corporation
 through EntersKorea Co., Ltd
All rights reserved.

이 책의 한국어판 저작권은 ㈜엔터스코리아를 통한 중국의 CTTIC Press Corporation와의
계약으로 ㈜도서출판 아름다운사람들이 소유합니다. 신저작권법에 의하여 한국 내에서 보호를 받는 저작
물이므로 무단전재와 무단복제를 금합니다.

이 도서의 국립중앙도서관 출판예정도서목록(CIP)은 서지정보유통지원시스템 홈페이지(http://seoji.nl.go.kr)와
국가자료종합목록시스템(http://www.nl.go.kr/kolisnet)에서 이용하실 수 있습니다. (CIP제어번호 : CIP2019009352)

파본은 구입하신 서점에서 교환해 드립니다.

문과 출신도 웃으면서 보는
양자물리학 만화

글·그림 **뤄진하이**　감수 **장쉔중**　옮김 **박주은**

차례

들어 가면서  양자역학의 전야 … 7

제1장  빛의 본질 … 25

제2장  (구) 양자론의 기초 … 51

제3장  양자역학의 성립 … 77

제4장		아인슈타인과 보어의 전쟁 ··· 107
제5장		슈뢰딩거의 고양이 ··· 157
제6장		벨 부등식 ··· 207
제7장		양자역학의 응용 ··· 239
나가면서		주요인물 살펴보기 ··· 279

들어 가면서

양자역학의 전야

양자역학을 이해하려면 먼저
'부자량(不自量)하다'라는 말을 언급할 필요가 있다.

不自量(力)
<small>부 자 량 력</small>

자신의 힘을 제대로 가늠하지 못하다는 뜻이다

내가 하고 싶은 말은 이걸세. **양자역학은 독학하려 들지 말지어다.**

일반인들에게는 보통 말하지 않는 내용이지!

리처드 파인만은 **"누구도 진정으로 양자역학을 이해하지는 못했다."** 고 말했다.

그러나 이 말에 미리 놀라 나자빠질 필요는 없다.

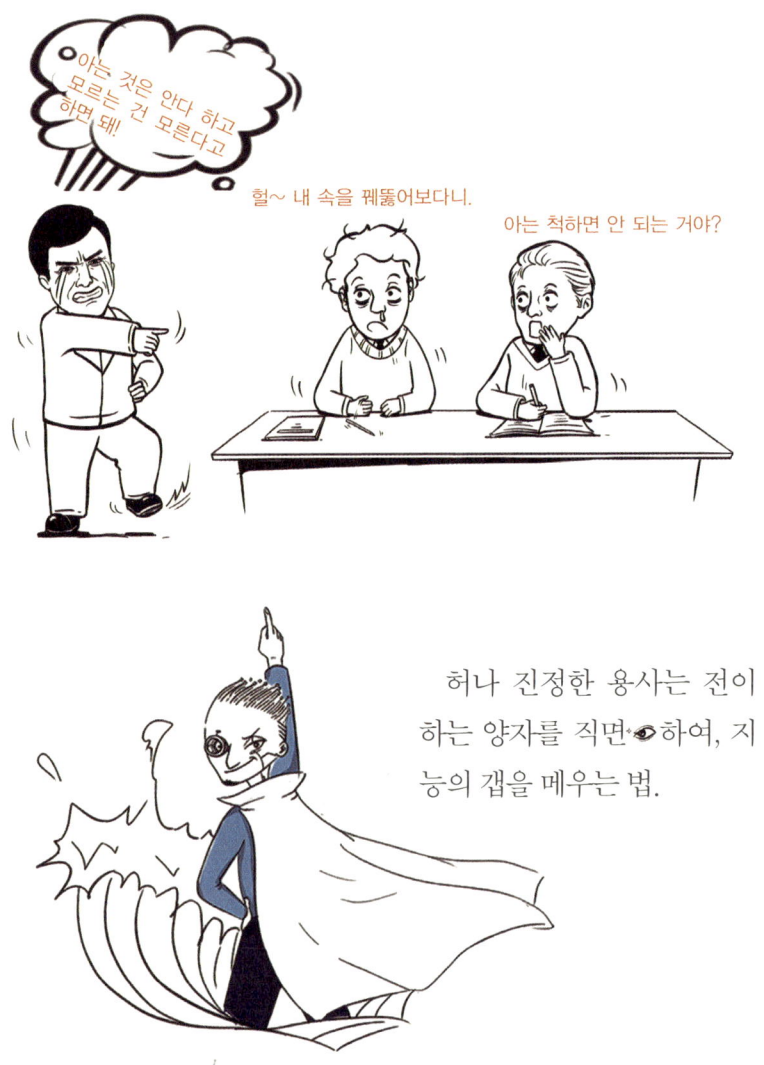

허나 진정한 용사는 전이하는 양자를 직면하여, 지능의 갭을 메우는 법.

아직까지 남아 있는 양자 군에게 **엄지 척!**

그런데, 왜 **양자역학**을 알아야만 하는가?

왜냐하면 양자역학은 현대과학의 초석이자, 현대 산업시스템의 50%가 양자역학과 관련돼 있기 때문이다.

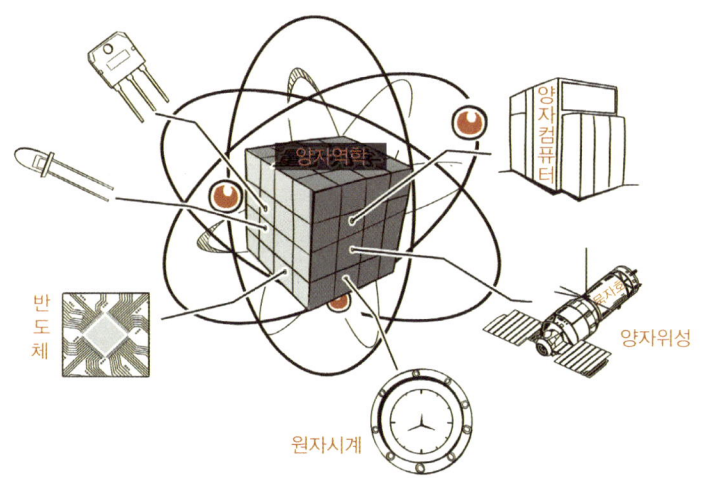

양자 세계를 우리가 직접 체험할 방법은 없지만, 매우 유용한 이론임에는 틀림없다.

양자역학이 없으면, 레이저도 스마트폰도 컴퓨터도 항법위성도 없다.
양자역학이 없으면, 전자현미경도 원자시계도 핵자기 공명(NMR)도 없다.
양자역학이 없으면, 양자컴퓨터와 양자통신은 더더욱 있을 수 없다.

우리는 모두 학교에서 뉴턴의 세 가지 운동법칙에 대해 배운 적 있다.

뉴턴의 제1법칙은 외부 힘의 영향이 없으면, 정지하고 있는 물체는 정지 상태를 계속 유지하려는 정지 관성과 운동하는 물체는 운동 상태를 계속 유지하려는 운동 관성이 있는데 이를 관성의 법칙이라 한다.

뉴턴의 제2법칙은 힘과 질량, 운동 사이에 관한 설명이다. 물체의 가속도는 그 물체에 가해지는 외부의 힘에 정비례하고, 그 물체의 질량과 반비례한다는 가속도의 법칙이다.

뉴턴의 제3법칙은 두 물체 사이의 작용과 반작용은 힘의 크기가 같고, 방향은 반대이며, 일직선상에서 일어난다고 하는 작용·반작용의 법칙이다.

쉽게 말해서, **뉴턴의 1법칙**은 모든 물체는 게을러 터져서 자신만의 안락지대(Comfort Zone)에만 머무르려 한다는 뜻이다.

뉴턴의 **제2법칙**은 더 빠르게 앞으로 나아가고 싶다면, 더 빡세게 힘을 줘야 한다는 뜻이다.

뉴턴의 **제3법칙**은 한 손으로는 아무리 휘둘러도 손뼉을 칠 수 없고, 두 손바닥을 맞부딪쳐야만 소리가 난다는 뜻이다.

뉴턴의 제1법칙은 힘이 물체의 운동 상태를 변화시키는 원인이라는 것을, 뉴턴의 제2법칙은 힘이 물체로 하여금 가속도를 얻게 한다는 것을, 뉴턴의 제3법칙은 힘이 물체 사이의 상호작용이라는 것을 설명한다.

뉴턴의 3법칙 외에 만유인력의 법칙도 있다. 뉴턴은 만물의 운동 배후의 원리를 통일함으로써 고전역학의 기틀을 다졌다.

사실 여기까지는 이해하기 전혀 어렵지 않다. 현대인들에게 매우 간단히 이해되는 뉴턴 역학은, 그러나 무려 2000여 년에 걸쳐 영근 과학자들의 **지혜의 결정체**다.

뉴턴이 거시역학의 기틀을 다지기 전까지만 해도 인류는 귀신·유령의 학문을 숭배해서 신학자나 점쟁이, 점성술가, 제사장들이 더 '핫'한 존재였다.

글을 모르는 일반 백성들은 물론, 어느 정도 교육을 받았다는 왕들조차 **"백성에게는 묻지 않고 귀신에게만 묻는다"**고 할 정도였다.

누가 사람들을 더 잘 홀리느냐에 따라 그 시대의 교주가 되었다.

신은 더 이상 이런 모습을 두고 볼 수 없었다. 이러다가는 내 자리마저 **위태로워지겠어**!

하늘이 뉴턴을 세상에 내지 않으시니, 인류의 밤은 한없이 길고 어둡기만 했다. 그러던 중 드디어 **뉴턴이 세상에 태어났다!**

이리하여, 하늘이 내린 뉴턴은 이후 200여 년에 걸쳐 과학계를 통치한다.

그런 그에게 지적 소양 높은 팬들이 벌떼처럼 몰려들었다. 뉴턴의 물리 법칙은 정말 대단했다! 대부분의 사람들은 뉴턴의 법칙이 우주 궁극의 진리라 믿어 의심치 않았다. 거시세계는 떠들썩하게 달아올랐다.

과학자들의 업적은 날로 탄탄해졌고, 20세기에 이르러 마침내 드높은 **거시 물리학의 거탑**이 세워지기에 이르렀다.

이 건축물에는 고전물리학, 열역학, 광학, 전자기학 등도 한 층씩을 차지했다.

1900년, 물리학계의 '대사제' 켈빈 경이 인자한 아버지처럼 미소 지으며 자신만만하게 선포했다.

그렇다, 과학의 거탑이 완공되고 나니 과학자들은 더 이상 할 일이 없어졌다. 밤낮으로 진리탐구에 매진하던 열혈 과학자들은 졸지에 실업 위기에 놓였다.

연구비는 해가 갈수록 줄어들기만 했다. 하루하루가 암담했다. 이때, 코펜하겐 학파의 젊은 과학자들이 낡은 테이블을 걷어찼다.

젊은 과학자들은 외쳤다. "우리 스스로 살 길을 찾아야 한다. 안 그랬다가는 다 같이 거리로 **나앉게 생겼다.**"

거시세계에 대해서는 딱히 더 보탤 만한 연구가 없어 보였다. 그러나 미시세계는 달랐다.

뉴턴 역학은 거시세계에 적용되는 것이었다. 그러나 원자 수준의 미시세계로 들어가면, 이론의 완성까지 아직도 먼 길이 남아 있었다.

이렇게 해서 일군의 젊은 과학자들이 미시세계로 전선을 옮겼다. 실업 걱정에서 벗어난 과학자들은 환호했다. "뉴턴역학이 거시세계를 지배한다면, **양자역학이 미시세계를 지배한다!**"

이 세계의 경계는 슈뢰딩거의 고양이가 관리했다. 우물은 우물, 강물은 강물. 분리된 두 영역의 관리비는 각각 따로 거두기로 했다.

그렇다면 양자역학은 어떻게 탄생하게 된 것일까?

인류가 빛을 연구하는 과정에서 우연히 양자를 맞닥뜨리게 되었다. 그러므로 우리의 이야기는 저 멀리 아주 오래된 질문으로 거슬러 올라가야만 한다. 바로, **빛이란 무엇인가**?

제1장

빛의 본질

그 누구도 예상하지 못했다,
인류가 빛과 씨름하다 양자를 발견하게 되리라고는.
누군가가 말했지,
간단한 사물일수록 그 본질은 복잡하다고!

이것은 아주 길고 긴 이야기,
빛의 본질에서부터 시작해야 하는 이야기다.

빛의 본질

멀고 먼 옛날, 인류의 조상, 그 조상의 조상은 생각했다. **이 세상은 무엇으로 이루어져 있을까?**

고대 그리스의 철학자들은 생각하고 또 생각했다. 이들의 사고력은 온 세상 인류의 **99.99%**를 뛰어넘는다 해도 과언이 아니었다.

그뿐만이 아니었다. 이들은 실행력도 만만치 않았다.

세상의 **본질**을 찾아내는 방법은 간단하다. 돌을 쪼개고 쪼개어 작은 조각으로, 더 작은 조각이 될 때까지…

쪼개고 또 쪼개는 것이다.
마지막에 이르러 더 이상 쪼갤 수 없는, 그것은 바로 '**원자**'.

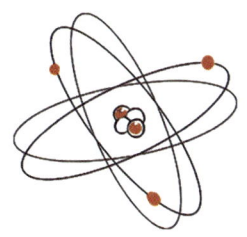

고대 그리스 사람들은 그렇게 돌을 쪼개고 쪼개어 나간 끝에 **'이 세상은 원자로 이루어졌다'**는 이론을 찾아냈다? 그럼 이제는 세상 무엇도 고대 그리스 사람들의 전진을 막아 세울 수 없어 보였다.

있다면, 그것은 바로 빛.

그렇다면 빛은 무엇으로 **이루어져 있을까**?

엇… 그것 참 대단하긴 한데, 망치로 빛도 쪼갤 수 있나? 쪼개고 쪼개다 보면 '광자'를 찾아낼 수 있나?

사마광(光, 빛)이 항아리(缸, 항아리 항)를 부수었다는 말은 들어본 적 있어도, 사마항(缸)이 빛(光)을 부수었다는 말은 들어본 적이 없는데.

그래서 두뇌 빠른 고대 그리스 사람들은 빛을 연구하기 시작했다.

고대 그리스의 철학자들은 빛이 하나하나의 매우 작은 광원자로 이루어져 있다는 물리적 직관을 선보였다.

고대 인도인들은 이를 인정하지 않았다. "웃기고 있네, 내 눈에 빛은 분명 하나의 선인데?"

고대 이집트인들도 찬성했다. "내 눈에도 하나의 선으로 보이는데?"

고대 그리스인들은 고개를 끄덕이며 말했다. "그래, 보통 사람들 눈에는 빛이 하나의 선으로 보일 거야. 오직 천재만이 빛을 하나하나의 입자로 보지."

고대 바빌론 사람들이 여기에 반대하려는 찰나, 고대 그리스인의 저 대답을 듣고 황급히 입을 다물었다고 한다….

고대 인도인들은 여전히 고집스럽게 고개를 저었고,

고대 그리스인들은 그들을 향해 눈을 흘겼다.

아직도 인정 못 하겠다고?

그럼 어디, 너네가 새로운 이론을 내놔보든가! PK!

고대 인도인들은 부들부들 떨기만 할 뿐 한마디도 하지 못했다.

　이렇게 해서 **미립자설**은 고대 과학계의 패권을 차지했고, 17세기 초에 이르러서야 파동설이라는 숙적과 맞닥뜨렸다.

　그 시작은 실연당한 수학 교수 그리말디(Francesco Maria Grimaldi, 1618~1663)였다. 이 고독한 실연남은 좁고 어두운 방에서 홀로 미친 듯 실험에만 빠져 있었다.

　한 줄기의 빛이 작은 구멍 두 개를 뚫고 지나갈 때, 그는 문득 옛 연인의 눈에 파동처럼 일렁이는 눈물이 보이는 것 같았다 그 순간 깨달았다. 이것이 바로 그 **회절 현상** 아닌가!

이리 하여, 그는 감격의 눈물을 글썽이며 온 세상에 선포했다.
"빛은 일종의 파동이다."

그렇다, 실연당한 사람은 뭔가 사고를 치고야 마는 것이다.

이렇게 해서 파동설과 미립자설을 두고 장장 300여 년에 걸친 **새로운 전쟁이 벌어졌다.**

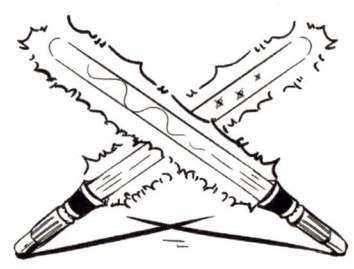

1663년 어느 날, 영국의 과학자 후크가 파동설 진영에 합류했다. 파동 진영은 그가 학계의 맹장이 되어 주리라는 기대에 무척 기뻤다.

그러나, 그 누가 알았으랴. 그의 등장이 또 다른 **역병**을 불러들일 줄은!

후크를 필생의 숙적으로 여겨온 뉴턴이 한마디 했다. "후크 자네가 정녕 파동설을 지지하겠다면…"

적의 친구도 결국은 적이라 했던가. 뉴턴은 더욱 거칠게 맞섰다.

1672년, 뉴턴은 빛의 분산 실험을 발표하면서 **파동설**을 향해 공격의 칼을 겨누었다.

고수는 팔을 뻗기도 전에 상대의 내공을 가늠한다 했던가. 또 다른 파동설의 대장, 호이겐스는 마음이 다급해져 두 발 동동 구르며 말했다. "뉴턴의 실험은 틀렸어!"

에테르

물리학 역사에 존재했던 가상의 물질관념으로, 공간의 의식 흐름이라고 할 수 있다. 아리스토텔레스는 물과 불, 공기, 흙이라는 4대 원소 외에도 우주 안에는 천공의 상층에 머무르고 있는 5번째 원소가 있으며, 물질현상계의 만물이 모두 그 안에서 살아가고 있다고 생각했다.

뉴턴도 이렇게 다른 학자들의 공격을 받은 적이 있다. 뉴턴은 호이겐스와 후크가 차례로 세상을 떠난 뒤인 1704년, 『광학』이라는 저서를 출간하면서 서문에 이렇게 썼다. "이러한 논점에 대한 무의미한 논쟁을 피하려고 나는 일부러 책 출간을 미루었다." 두 맹장을 잃은 파동설 진영은 뉴턴에 맞서기가 더욱 어려워졌다.

이렇게 해서 뉴턴의 미립자설은 **온 세상에 위세를 떨치게** 되었고, 뉴턴은 당대 누구도 맞설 자 없는 거장이 되었다.

장장 한 세기 내내, 누구도 감히 뉴턴의 미립자설에 도전할 엄두를 내지 못했다.

그로부터 한 세기가 지난 뒤에야 한 소년이 감히 뉴턴과 대립하는 파동설의 입장에 섰다.

뉴턴의 미립자설에 공개적으로 도전장을 내민 이 천재는 누구였을까?

바로 바로 바로 우리의 친구, **토머스 영**이었다!

토머스 영은 대체 얼마나 **천재**였는가?

2살 때 책을 읽기 시작, 4살 때 시를 썼고, 6살에는 성경을 암기, 9살에는 무려 자동차를 제작했다고 한다.

16살에는 라틴어, 그리스어, 프랑스어, 이탈리아어 등 **10개 국어**를 유창하게 구사했다.

우리는 그 나이에 뭘 했던가?

진흙놀이? 미꾸라지 잡기? 동네 애들과 싸움박질?

1807년, 역학부터 수학, 광학, 언어학, 고고학 등을 전부 한 번씩 가지고 놀아본 **천재 토머스 영**은 이제 천하에 자신의 적수가 없음을 깨닫고 문득 외로워졌다.

하지만 뉴턴 정도면, 도전해볼 만할 것 같았다.

그래서 **이중 슬릿 실험**을 준비했다.

이중 슬릿 실험은 물리학계의 5대 고전적 실험 가운데 하나로 꼽힌다. 짙은 어둠 사이로 찬 바람 몰아치던 어느 밤, 토머스 영은 초 한 자루를 켜는 것으로 발표를 시작했다.

남과 비교해봤자 화만 나는 법, 초 한 자루 켜고 노래나 한 자락 뽑아볼까

"Happy birthday to you"

이날 토머스 영은 양자혁명의 불씨를 피웠고, 이것은 역사상 그 유명한 **간섭무늬**를 남겼다….

'이중 슬릿 간섭' 현상의 강력한 살상력은 전체 미립자설 군단을 두려움에 떨게 했다!

뉴턴파의 권위를 지켜내기 위해 뉴턴의 팬 군단이 하나둘 이 전쟁터로 모여들었다.

1808년, 뉴턴의 충실한 팬이었던 라플라스(Pierre Simon Laplace, 1749~1827)는 당당히 빛의 '**회절 광검**'을 휘둘렀고, 1809년, 뉴턴의 미남 부하격인 말뤼스(Etienne Louis Malus, 1775~1812)도 빛의 반사에 의한 '**편광(偏光)봉**'을 들고 천재 토머스 영을 무찌르기 위해 부리나케 달려왔다.

그러나 토머스 영의 명성은 결코 헛되이 얻은 것이 아니었다.

상대의 기술로 상대를 공격한다

그는 상대의 논리로 상대의 주장을 공격하는 신공을 발휘했다.

1817년, 그는 미립자파에서 반대 의견으로 제시한 가로파 가설에 따라 편광 현상을 설명하는 데 성공했다.

미립자파 스스로도 자신들의 역량 부족을 절감했다. 더 센 뭔가가 필요했다.

1818년, 미립자파는 현상 공모를 실시했다.

다들 보시오, 여러분의 총기와 재능으로 빛 운동을 설명하여 저놈 토머스 영을 무찌릅시다!

지명수배
토머스 영
THOMAS YOUNG

그래서, 현상금은 얼만데?

드디어 흥미진진한 드라마의 막이 올랐다.

1819년, 프레넬(Augustin-Jean Fresnel, 1788~1827)이 제대로 살펴보지도 않은 논문 한 편을 현장에 공개했다.

휘리릭—

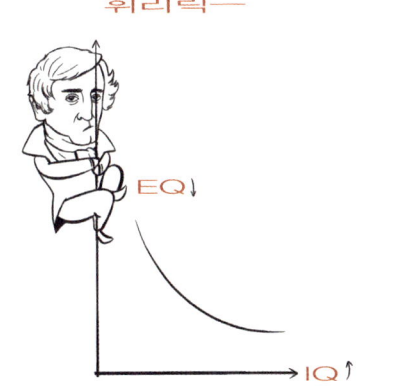

IQ와 EQ가 정확히 반비례하는 인물이었던 그는 수학적 추리를 통해 빛의 회절 문제를 완벽하게 설명했다.

　그는 미립자설을 강력 지지하기는커녕 이렇게 말했다.
프레넬! 네 정녕 토머스 영이 보낸 스파이였단 말이냐! 현상금도 마다하겠다는 거야?

　믿던 도끼에 발등이 찍혀도 유분수지, 미립자파는 울고만 싶어졌다. 실로 치명적인 일격이었다. 미립자파는 끝내 현상금 지급을 취소한다고 발표했다!

대형 싸대기 현장

프레넬은 대체 왜 그랬던 걸까. 정녕 돌이킬 방법은 없는 걸까. **어이쿠 이런, 내가 제목을 똑바로 못 봤었네…**.

프레넬이 가한 치명상에 미립자파는 그대로 실신해버리고 말았다. 소생할 가능성도 희미해 보였는데, 그나마 붙어 있던 마지막 숨통마저 맥스웰에 의해 꺾여버렸다.

이 시절, '십만 개의 왜?'라는 별명으로 불리고 있던 맥스웰은 무심코 전자기파의 속도가 300,000km/s라는 것을 계산해냈다. 이 속도는 뜻밖에도 빛의 속도와 거의 일치했다!

빛은 파동, 파동은 빛!

미립자파의 완패! 파동설은 당당하게 귀환했다. 미립자설은 제 몸 하나 가눌 힘도 없이 마지막 숨만 헐떡였다.

그러나, 이야기는 아직 끝나지 않았다!

아직 자신의 이론을 채 검증하기도 전이었던 48세의 맥스웰은 신의 부름을 받아 저세상으로 멀리 떠나버리고 말았다….

운동을 좋아하지 않는 과학자는 좋은 과학자가 아닙니다.
당신들 두뇌는 당신만의 것이 아니라 온 인류의 것이니까요.

물론 후대에도 과학자는 계속 존재한다는 것을 저승에 있는 맥스웰도 모르지 않았다. 그에게는 사후 자신을 계승하게 될 제자가 있었다. 이 제자는 실험을 통해 빛이 전자기파의 일종이라는 것을 증명했다. 이 과학자의 이름은 **헤르츠**.

헤르츠는 전자기파라는 날카로운 칼을 **미립자설**의 심장에 꽂았다.

제2차 파동·미립자 전쟁은 미립자설의 **숨통이 끊어지면서** 종식되었다.

맥스웰의 제자는 어떻게 해서 미립자설을 뿌리까지 뽑아낼 수 있었나?

다음 회에 계속…

소극장 〈하늘나라〉

제2장

(구) 양자론의 기초

앞에서 언급한,
빛은 전자기파의 일종이라는 맥스웰의 예언은
과학사에 내디딘 **대서사시급 한 걸음**이었다.

이 예언이 맞는지 틀린지, 누군가 증명을 해야 했다.
그 누군가가 바로 맥스웰의 제자 **헤르츠**였다.

    1887년, 헤르츠는 **고주파 공진 회로**를 통해 전자기파의 존재를 증명했다. 이것은 빛의 파동성을 입증하는 실험이었다. 전자기 이론의 통합은 고전물리학이 마침내 정상에 도달했음을 보여주는 상징과도 같았다.

    이로써 고전물리학 제국은 최전성기를 맞이하게 되었다.

    그러나 달도 차면 기울고, 강성한 제국도 어느 덧 쇠락하는 법.

    고전물리학 제국이 실험으로 더욱 화려하고 융성해질수록 그것은 조용히 화근이 되어갔다.

    헤르츠가 전자기파의 존재를 증명한 실험은, 동시에
    광전 효과라는 기이한 현상을 보였다.

광전 효과란 무엇인가? 특정 물질에 특정 주파수의 전자기파를 쏘면, 그 물질의 전자가 광자에 의해 튀어나와 전류를 형성하는 현상이다. 이를 광전류라 한다.

빛 에너지가 전기 에너지로 전환되는 것이자, 물질의 전기적 성질에 변화가 일어나는 현상이었다.

거시세계 이론으로는 광전 효과를 설명할 방법이 없었고, 후대 사람들은 광전 효과 너머에 과학자들의 새로운 연구 방향이 있다는 것을 알게 되었다. 그것은 인류가 한 번도 진입해본 적 없는 세계, 바로 **양자의 미시세계**였다.

광전 효과로 번쩍이는 푸른 스파크에서는 **'양자 마왕'** 이 튀어나올 것만 같았다.

이제 곧, 세상을 뒤집을 만한 변화가 일어날 참이었다.

이 한 방으로 엄청난 맛을 보게 해주지.

물리학계의 허리케인이 돌풍을 예고하고 있었다.

거시역학에서 양자역학으로 이행을 도왔던 (구) 양자론은 다시금 새로운 출발을 준비하고 있었다.

(구) 양자론의 초석을 다진 3대 인물인 플랑크, 아인슈타인, 보어도 본격적인 등장을 예고하고 있었다.

작은 날갯짓으로 돌풍을 일으키게 될 이 **나비**는 "매력이라고는 하나도 없어 보이는 어느 고루한 신사였다.

그의 이름은 막스 플랑크, 피아노를 치는 것 외에 별다른 취미도 없는 남자였다.

1900년, 플랑크는 **흑체 복사**를 연구하다가 한 가지 대담한 가정을 하게 된다. 에너지를 방출하고 흡수하는 과정이 연속적이지 않고 일정한 덩어리로 이루어진 것이라면? 바로 이 **불연속 가설**이 양자이론 최초의 맹아였다.

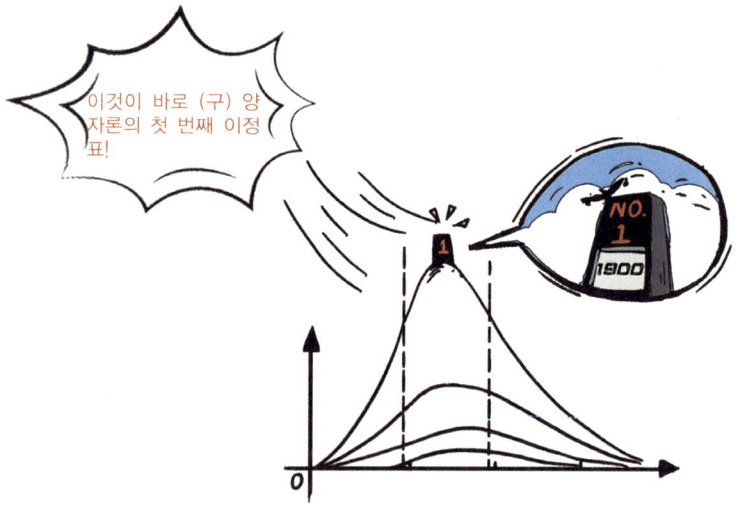

 이렇게 해서 플랑크는 얼떨결에 **양자**라는 개념을 내놓게 된다. 이것은 미적분 수백 년의 연속적 기초를 뒤집었고, **뉴턴 세계**의 토대마저 허물기 시작했다.

 플랑크가 《정상 스펙트럼의 에너지 분포 법칙 이론》을 발표한 1900년 12월 14일, 이날을 사람들은 양자물리학 탄생의 날로 여긴다.

그러나 에너지 양자라는 개념은 너무 급진적이었다! 이런 끔찍한 진상에 직면한 고루한 신사는 스스로 놀라 혼비백산했다.

이것은 그가 바란 결과가 아니었다. 두렵고 불안했던 그는 자신의 자식과도 같은 양자를 버렸다.

첫 제안자는 별 뜻 없이 자신의 아이디어를 내놓았으나, 다른 연구자가 이 아이디어에 진지하게 귀를 기울였다.

1905년, 플랑크가 키워놓은 과실을 **수확** 하기 시작한 연구자는 바로 아인슈타인.

천재의 직감은 아인슈타인에게, 빛의 양자화는 필연적 선택이라고 속삭였다.

그는 플랑크의 가설 위에, 빛은 양자의 형태로 에너지를 저장하되 축적하지 않는다는 아이디어를 추가했다. 일반적으로 하나의 양자는 광자와 충돌하여 하나의 전자를 방출하는데, 이것이 바로 그 유명한 **광양자 효과**다.

아인슈타인의 이론에 따르면, 빛은 입자이기도 하며 불연속성을 갖는다. 그렇다면 이것은 다시 뉴턴의 이론으로 돌아가는 것인가? 설마, **미립자설**의 부활?

빛의 파동설 옹호자들은 분노에 온몸의 털이 곤두섰다. 장장 200여 년을 싸워가며 미립자설을 물리쳤는데, **또 다시** 미립자설이라니?

과학을 후퇴시키겠다는 건가?

그러나 아인슈타인에게 있어, 빛이 파동이냐 미립자냐 어느 한 쪽을 확실하게 지지하는 것보다 중요한 것은 자신의 직관이었다.

당신들은 입자면 입자, 파동이면 파동, 이렇게 단정하겠지만 내 직감은 이렇게 말하고 있어. **빛은 입자와 파동의 이중성으로 이루어져 있다고!**

20세기 초의 과학자들에게는 도무지 이해할 수 없는 말이었다. 빛이 입자이면서 동시에 파동이라니, **어떻게 그럴 수가 있지?**

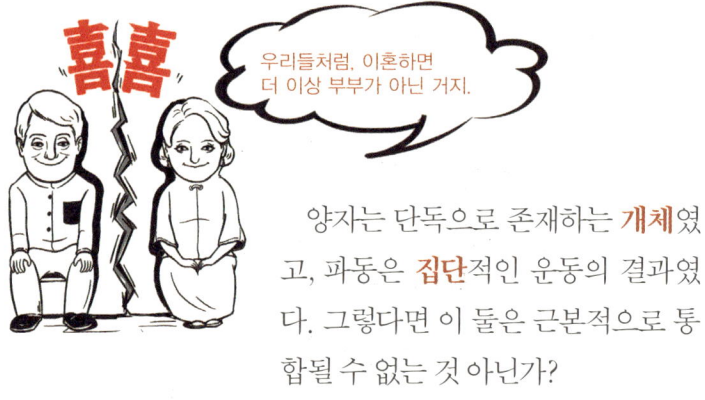

양자는 단독으로 존재하는 **개체**였고, 파동은 **집단**적인 운동의 결과였다. 그렇다면 이 둘은 근본적으로 통합될 수 없는 것 아닌가?

이 기회를 빌어, 궁지에 몰린 미립자설은 반격을 시도했다.

1915년, 밀리컨은 실험을 통해 광양자 이론을 반박하고 싶었다. 그러나 광전 효과는 엄연히 **양자화** 특성을 드러내고 있었다.

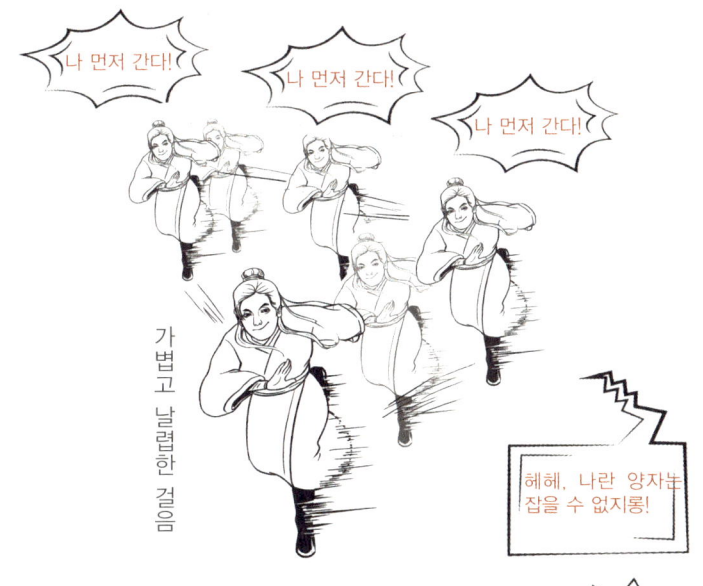

1923년, 콤프턴은 빛이 미립자 군단을 이끌고 대거 반격해오는 것을 '보았다'.

그는 대담하게도 광양자 가설을 끌어들여 X선 산란 실험을 완성, 빛의 **입자성**을 증명했다.

그러나 아직은 미립자파가 미소 지을 때가 아니었다. 1923년, 프랑스의 귀족 왕자 👑였던 드 브로이가 무대에 전면 등장했다. 전공을 중세 교회사에서 물리학으로 바꾼 그는 프랑스 물리학계에 매우 심대한 영향을 미쳤다.

미립자설과 파동설이 팽팽히 맞선 일촉즉발의 위기 속에서, 드 브로이는 문득 광양자 이론에서 한 가지 깨달음을 얻었다. 빛의 파동이 입자처럼 나타날 수 있다면, 입자 또한 파동으로 나타날 수 있지 않을까!

싸우지들 마, 이 세상엔 **평화**가 필요해! 당신들의 실험도 맞아, 아인슈타인의 직관도 맞아. 양쪽 주장은 사실 다르지 않다구.

빛만이 아니라 모든 물질이 입자와 파동의 이중성으로 이루어져 있다. 이것이 바로 **물질**파 이론이다.

뭐? 우주는 **원자핵**과 **전자**로 이루어진 거 아니었어?

이런 관점은 너무도 대담한 것이었다. 드 브로이의 지도교수였던 **랑제방**(Paul Langevin, 1872~1946)조차 그가 미쳤다고 생각할 정도였다.

세상의 모든 물리학 거장들이 침묵하고 있는 가운데 아인슈타인 한 사람만이 드 브로이의 주장에 '좋아요'를 눌러주었다.

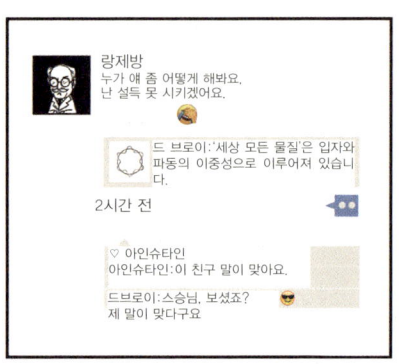

그러나 물리학 대가의 지지도 소용없었다. 20세기 초는 물리학의 황금시대, 천재와 고수가 넘쳐났다. 서로 다 잘났고 남보다 더 똑똑했다.

미립자설과 파동설은 그 오랜 세월을 **죽기 살기**로 싸웠는데, 이렇게 쉽게 악수하고 화해하려니 체면이 말이 아니었다.

그렇게 팽팽한 긴장과 갈등 속에서, 드 브로이의 **물질파 이론** 충격에서 모두가 깨어나기도 전에 1925년 4월, 데이비슨과 거머가 진행한 전자 회절 실험(Davisson-Germer's experiment)을 통해 전자가 파동성을 보인다는 사실을 발견한다!

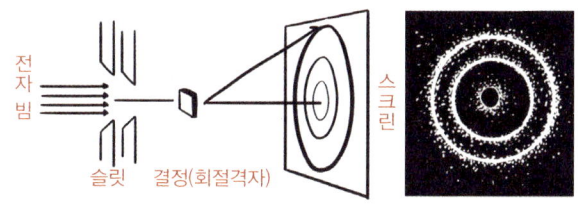

"전자는 파동이었어!" 이로써 빛의 파동설 진영과 미립자설 진영은 모두 큰 충격을 받았다. **이럴 수가**, 빛이란 건 도대체 어떻게 생겨먹은 거지?!

1925년, 물리학이 방향을 찾을 수 없는 **십자로** 한가운데 서 있을 때 24살의 하이젠베르크가 나타났다. 그는 미립자파를 대표하는 인물이었다.

생긴 건 앳된 남자애♂ 같았지만 IQ만은 어마어마하게 높았던 그는 입자들의 미시운동을 수학으로 풀어냈다. 그는 양자이론 또한 교환율(덧셈이나 곱셈에서 계산 순서를 바꾸어 계산해도 그 결과가 같은 것. 교환법칙이라고도 한다)이 성립하지 않는 기이한 **행렬**로 풀어내기로 했다.

보른과 요르단(Pascual Jordan, 1902~1980), 디랙의 도움을 받아 완성한 하이젠베르크의 **행렬역학**은 (구) 양자론의 폐허 위에 새로운 체계를 세웠다.

그러나 호경기는 오래 가지 않는 법. 슈뢰딩거가 이 전투에 새로이 참여했다. 그는 파동설을 대표하는 인물이었다.

유흥을 즐기는 남아였던 이 물리학자는 진지할 땐 또 한없이 진지했다.

그는 행렬역학이 쓸데없이 난해해서 양자역학을 이해하기 어렵게 만든다고 생각했다.

그는 미립자든 파동이든 근본적으로 복잡할 것이 없으며, 양자성이란 미시체계의 파동성을 반영하는 것이라고 생각했다.

전자를 드 브로이 파장으로 본다면, **파동방정식**으로 전자의 운동을 표현하면 그만이었다.

이렇게 해서 그는 20세기 물리학의 역사를 뒤흔든 **슈뢰딩거 함수**를 내놓는다. 슈뢰딩거 함수는 한눈에 보기에도 친숙한 미분방정식으로, 하이젠베르크의 난해한 행렬에 **머리가 지끈거렸던** 사람들은 감격의 눈물을 흘릴 정도였다. 그들은 한 치의 망설임 없이 행렬역학 같은 것은 차디찬 **냉궁**에 처박아버렸다.

한쪽에는 자부심에 찬 **하이젠베르크**가, 다른 한쪽에는 승부욕 강한 **슈뢰딩거**가 있었다. 한쪽에는 미립자설을 기초로 한 **행렬역학**이, 다른 한쪽에는 파동설을 기초로 한 **파동함수**가 있었다.

이로써 행렬역학과 파동역학은 필생의 천적이 되었다.

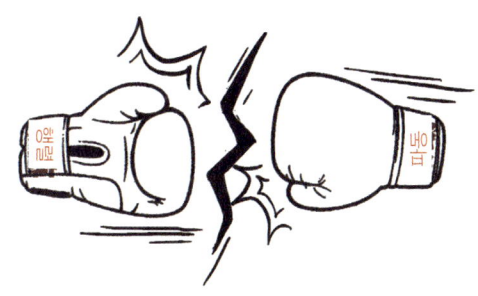

더욱 난감한 일은 1926년 4월에 슈뢰딩거, 파울리, 요르단이 각각 **두 종류의 역학은 수학적으로 완전히 등가**라고 증명했다는 사실이다.

긴긴 시간 씨름해서 얻어낸 결과가 동일한 이론의 서로 다른 표현방식에 지나지 않았다니. 두 채의 서로 다른 건물이 실상은 미시 입자의 **파동과 입자의 이중성**이라는 똑같은 토대 위에 세워져 있었던 것이다.

사람들은 이것이 양자역학의 **초석**이라고 말한다! 과연 그럴까? 사실 1905년에 이미 아인슈타인이 (구) 양자론의 두 번째 이정표를 부수어버린 바 있다.

(구) 양자론의 진정한 집대성자는 플랑크도 아니고 아인슈타인도 아닌, 덴마크 출신의 물리학자 **보어**였다. 그는 물리학자가 되기 전에 축구선수였다는 소문이 있다.

일군의 물리학자들이 한창 입자와 파동의 이중성 때문에 골머리 썩고 있을 때, 보어는 축구장을 박차고 나와 고향으로 돌아가 결혼을 했다. 그리고 이 밀월 기간에 **과학연구**를 했다고 한다.

1913년, 그는 《원자와 분자의 구조》, 《단원자핵 체계》, 《다원자핵 체계》 등 세 편의 논문을 발표한다.

보어의 원자 모형 '**삼부작**'으로도 불리는 이 세 편의 논문은 현대 물리학의 고전이 되었다.

그리고 이로써 보어는 불세출의 물리학자가 되었다. 그는 플랑크가 버린 자식이었던 **양자**를 입양, 대응원리를 통해 수소 원자의 에너지 준위를 계산해냈다.

이로써 처음으로 온전한 양자이론 체계가 처음으로 완성되었다.

보어는 비록 의붓아버지였지만, 그렇게 양자론에서 가장 친근한 인물이 되었다.

그는 여생도 **양자론**을 먹이고 키우는 데 모두 바쳤다.

그리하여 물리학 연구를 거시세계에서 미시세계로 이행하는데 기여한 위대한 과학자가 되었다.

플랑크, 아인슈타인, 보어 이 세 선구자의 릴레이 연구를 거치면서 (구) 양자론은 마침내 뉴턴 거시이론의 그늘에서 벗어날 수 있었다.

그러나 이 시기 사람들은 미시세계의 문 앞까지만 간신히 당도한 상태였기 때문에 **(신) 양자론**(진정한 의미의 양자역학)은 여전히 혼돈 한가운데 있었다.

그렇다면 새로운 양자론은 어떻게 해서 빛을 보게 된 거죠?

제3장

양자역학의 성립

플랑크, 아인슈타인, 보어 세 선구자의 노력이 구해낸 (구) 양자론.

그러나 진정으로 양자역학〈**(신) 양자론**〉의 성립에 기여한 개국공신은 바로 코펜하겐 학파였다.

주요 세 멤버는 보른, 하이젠베르크, 보어(**그렇다, 또 그 보어다**).

보른은 하이젠베르크에게 반쯤 스승이라고도 할 수 있었다. 보른은 **괴팅겐** 대학교에서 물리학 이론을 강의하는 교수였고, 하이젠베르크는 그곳에서 보른을 따르며 **연구**하고 있었기 때문이다.

1926년, 울며 집으로 돌아온 하이젠베르크는 **슈뢰딩거**가 자신을 너무 무시한다고 말했다.

행렬역학과 파동역학이 **등가**인 것으로 증명되자, 두 사람은 일단 겉으로 휴전했다. 그러나 슈뢰딩거는 어둠 속에서 조용히 상대에게 씌울 멍에를 준비하는 한편, 가는 데마다 행렬역학은 "**변태**"라며 욕을 하고 다녔다. 가뜩이나 행렬역학은 난해해서 사람들이 접근하기 어려웠던 탓에 슈뢰딩거의 **파동함수**는 점점 더 기세를 높여갔다.

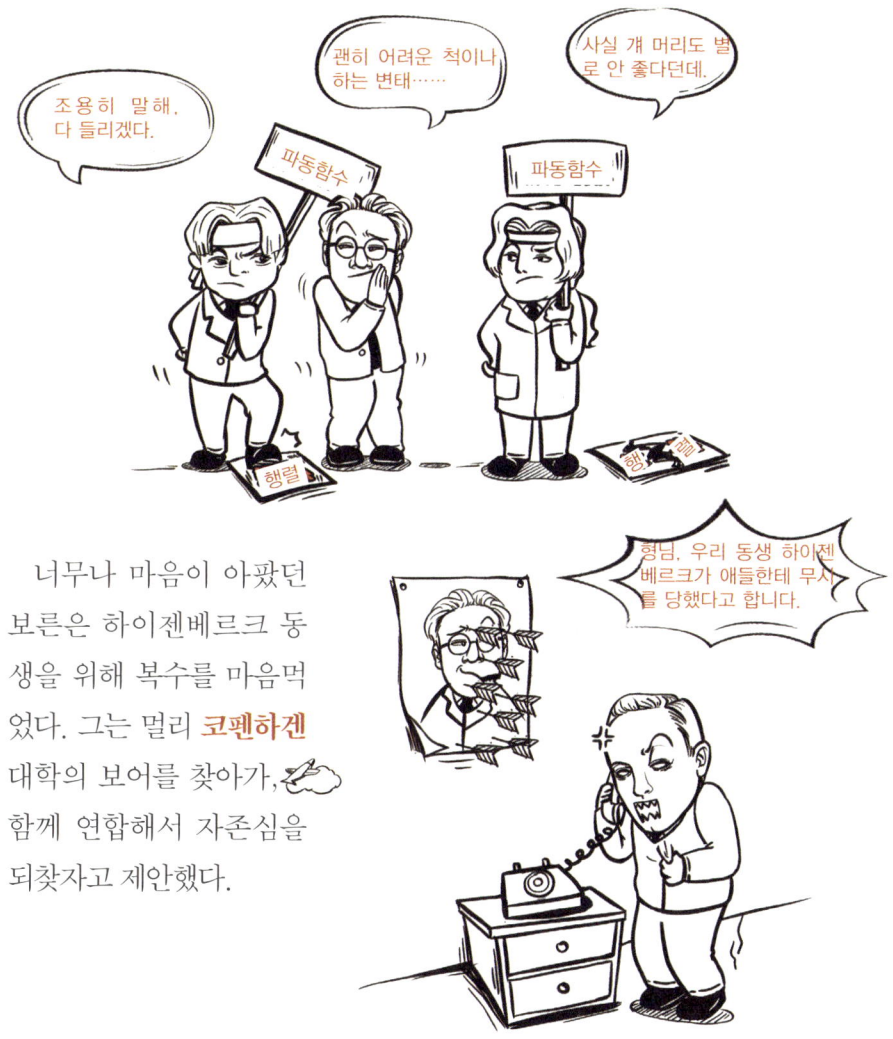

너무나 마음이 아팠던 보른은 하이젠베르크 동생을 위해 복수를 마음먹었다. 그는 멀리 **코펜하겐** 대학의 보어를 찾아가, 함께 연합해서 자존심을 되찾자고 제안했다.

1926년 7월, **슈뢰딩거**는 보어에게서 코펜하겐 대학으로 와달라는 요청을 받는다. 안 그래도 잘 나가고 있던 터라 의기양양했던 슈뢰딩거는 그 안에 자신을 겨눈 공격의 화살이 감추어졌으리라고는 꿈에도 생각지 못했다.

  절치부심해왔던 보른은 일부러 슈뢰딩거의 **파동함수**를 한참 칭찬하다가 갑자기 혹 칼을 뽑아들었다. 그런데 친구, 자네의 파동함수에서 Ψ(프시)가 의미하는 건 뭐지?

  미처 예상치 못한 기습이었다. 슈뢰딩거는 자신도 모르는 사이 그 함정에 발을 들이고 말았다.

  그는 별다른 경계심 없이 "Ψ(프시) 함수는 공간에서의 전자 전하의 **실제분포**"라고 대답했다.

이때, 보른이 반박했다. 아니, 전자 자체는 파동처럼 확산될 수 없어, 전자의 **확률분포**가 파동과 비슷하지.

Ψ(프시) 함수가 대표하는 것은 전자의 실제 위치가 아니라, 전자가 어느 지점에 나타날 우연의 확률이다.

마치 **주사위**처럼.

뭐? 주사위? 가장 **엄격하고 치밀**해야 할 물리학에서? 그것은 한 마디로 과학을 모독하는, 대역무도가 아닐 수 없었다. 슈뢰딩거의 얼굴은 하얗게 질렸다. 보른이 자신에게 올가미를 씌웠다는 걸 그제야 깨달았다.

이 세상에 물리학으로 설명할 수 없는 것은 없다.

 **신이란 무엇인가? 나는 근본적으로 알 수 없단 말인가?**

뉴턴의 이론이야말로 진리인데, 미시세계마저 **연속적 파동**이라니.

슈뢰딩거뿐 아니라 전체 물리학계가 **발칵 뒤집혔다**. 누구도 인류가 한낱 신이 던진 주사위에 불과하다고는 믿고 싶지 않았다.

중립파는 나직이 중얼거렸다. "세상에, 어떻게 그런 말을! 나무아미타불."

반대파는 분노에 차서 소리쳤다. "뭐라고? 우연의 확률? 입 뚫렸다고 함부로 떠들어도 유분수지!"

코펜하겐의 혁명파는 이를 **결사적으로 옹호**했다. 감히 우리 코펜하겐의 둘째 도련님을 무시해? 뜨거운 맛을 보여주마!

보른은 침착했다. '난 너의 창으로 너의 방패를 공격했을 뿐'이라는 것이었다. 상대방의 파동실험이 가장 좋은 증명이었다. **바로 전자의 이중 슬릿 간섭 실험.**

전자는 이중 슬릿을 통과한 후 **명암이 교차**하는 간섭무늬를 만들어낸다.

전자가 정확히 어느 지점에 나타날지 우리는 알 수 없다. 이 세계조차 확률의 형식으로 존재하며, 우리는 다만 **확률을 예언**할 수 있을 뿐이다.

모든 것은 우연일 뿐이라고? 보른, 자네는 지금 전체 과학의 **결정론**이란 기반에 도전하고 있는 걸세!

슈뢰딩거는 버럭 성을 냈지만 반박할 수도 없었다. 그저 이 악물고 주먹을 불끈 쥘 뿐이었다.

전자의 이중 슬릿 간섭 실험을 통해 보른은 슈뢰딩거의 뺨을 보기 좋게 한 방 갈길 수 있었다.

이것은 양자세계가 **거시세계**를 향해 거둔 첫 승리였다.

또한 이것은 역사상 전례 없는 대전쟁이자, **신생 양자론**이 전통적 파동해석에 가한 묵직한 타격이기도 했다.

그러나 보른의 기쁨도 잠시, 코펜하겐 학파의 뒷마당에는 불이 났다.

1927년, 다름 아닌 큰 형님 **보어**가 파동역학에 대한 견해를 바꾸었던 것이다. 처음에는 그저 슈뢰딩거 때문에 **파동설**을 연구한 것뿐인데, 속속들이 이론을 해부하고 나서 생각이 바뀌었다.

제대로 연구해보지도 않은 채 파동설을 **양자론**의 기초로 삼는다면, 새로운 이론이 나올 수 있겠어?

결국 가만히 있던 코펜하겐의 '동생' 하이젠베르크만 어이가 없었다.

자신은 보어를 아버지처럼 존경하고 따랐건만, 보어가 이런 식으로 조용히 **'배신'**을 때릴 줄이야.

하이젠베르크가 울며불며 난리치자,

보어는 스키 타러 간다며 휴가를 떠나버렸다.

머리끝까지 화가 난 하이젠베르크는 더 이상 파동설과는 같은 하늘을 이고 살 수 없노라 선언했다. 그는 자신이 보어의 견해도 바꾸어 놓겠다고 다짐했다.

假设 : $P = \begin{bmatrix} 1&1&1 \\ 1&1&1 \end{bmatrix}$ $q = \begin{bmatrix} 1&1 \\ 1&1 \\ 1&1 \end{bmatrix}$

$P \times q$ $\begin{bmatrix} 1&1&1 \\ 1&1&1 \end{bmatrix} \times \begin{bmatrix} 1&1 \\ 1&1 \\ 1&1 \end{bmatrix} = \begin{bmatrix} 3&3 \\ 3&3 \end{bmatrix}$

$q \times P$ $\begin{bmatrix} 1&1 \\ 1&1 \\ 1&1 \end{bmatrix} \times \begin{bmatrix} 1&1&1 \\ 1&1&1 \end{bmatrix} = \begin{bmatrix} 2&2&2 \\ 2&2&2 \\ 2&2&2 \end{bmatrix}$

↓

$p \times q \neq q \times p$

1927년, 보어 때문에 화가 난 하이젠베르크는 여전히 행렬과 씨름하고 있었다. 그는 자신의 행렬로 슈뢰딩거 방정식에 **대항**할 생각이었다.

그렇게 머리를 쥐어짜며 행렬을 뜯어보던 중, 문득 떠오르는 사실이 있었다. 행렬에서는 어릴 때 배운 **곱셈의 교환율**이 성립하지 않는다는 것!

어째서 순서를 바꾸어 계산하면 결과가 다른 걸까? 여기엔 뭔가 비밀이 숨어 있는 것 아닐까? 그 비밀을 풀어내기 위해 하이젠베르크는 보른과 요르단을 찾아가 함께 연구하기로 했다. 세 사람은 미친 듯이 계산에 매달린 끝에 최종 결론을 얻었다.

불확정성 원리

$\Delta p \times \Delta q \geq h/4\pi$.
측정p와 측정q의 오차.
둘을 곱한 값은 반드시 상수h(플랑크 상수)와 같거나 그보다 크다.

이것은 한 쌍의 공액량(共扼量)으로, 전자의 운동량p가 완전히 확정적이라면 위치q는 확정적일 수 없다.

불확정, 또 **불확정**이라고? 그렇지 않아도 보른의 우연의 확률이 사람들 머리를 지끈거리게 하던 참이었다. 하이젠베르크는 더 잔인했다. 그는 아예 대놓고 물리학을 부정했다.

너희 파동설은 모든 조건을 확정하고 싶어 하지? 나 하이젠베르크가 말하는데, 너희의 그 전제부터가 틀렸어!

어느 한 가지 조건이 확정적이라면, 다른 한 가지 조건은 결코 확정적으로 측정할 수 없어!

여기에 쐐기를 박기 위해, 또 무시를 당하지 않을까 염려했던 하이젠베르크는 대형 실험을 하나 추가하기로 한다. 당시에 가장 선진적이었던 **감마선** 현미경으로 전자를 관측하는 실험이었다.

이 실험의 원리에 따르면, 전자의 운동량과 위치는 근본적으로 동시에 측정할 수 없다.

실험에 오차가 있어서가 아니라, **이론 자체가** 우리가 관측할 수 있는 대상을 제한하기 때문이다.

이것은 일종의 철학적인 **원칙 문제**다. 당신이 파동설의 지지자든 다른 어떤 이론의 창시자든, 이러한 **불확정성 원리**에는 승복해야 한다!

하이젠베르크는 기세 좋게 자신의 이론을 선언한 뒤, 보어 선생에게 **편지**를 썼다.

그는 보어가 자신을 크게 칭찬하리라는 **기대에 부푼** 동시에, 이번에는 왠지 보어 선생이 크게 후회할 것 같다는 생각이 들었다.

하이젠베르크의 예상이 맞았다. 보어는 하이젠베르크의 편지를 받자마자 스키를 내던지고 **부리나케** 연구실로 돌아왔다.

그러나 그 다음 결과는 미처 예상하지 못했다. 보어는 칭찬을 하기는커녕 하이젠베르크를 보자마자 **혼을** 내었다.

"네 놈의 그 불확정성이라는 게 입자성에서 비롯되는 거겠냐, **파동성**에서 나오는 거겠냐?"

보어는 더욱 흠씬 혼을 냈다.

"이 바보 녀석, 또 **현미경 공포증** 도졌던 거 아냐?"

하이젠베르크는 속으로 말했다. '**망했다**, 또 실험 잘못 했나 봐!' 그는 자신의 숙적 슈뢰딩거의 **파동**학설을 어찌 그리 쉽게 받아들였단 말인가!

하이젠베르크 때문에 화가 난 보어는 하마터면 심장병에 걸릴 뻔했다.

코펜하겐 학파의 또 다른 **말썽꾸러기** 파울리도 스트레스에 입술까지 찢어진 뒤에야 하이젠베르크를 위로해주었다.

이렇게 해서 집안 갈등은 일단 **마무리**되었고, 보어도 한숨 돌릴 수 있었다.

자식의 허물을 부모가 지적할지언정 남이 지적하도록 둘 수는 없었다. 이후 하이젠베르크가 수정한 논문을 다시 발표하면서 외부의 비판에 직면했을 때에도 보어가 직접 나서서 하이젠베르크를 지지하고 보호해주었다.

　"니들이 뭘 알아! 불확정성 원리는 양자론의 **핵심 초석**이라구! 이 이론의 의의는 너희가 상상하는 수준 이상이야!"

　그러나 외부의 시선은 여전히 비판적이었다. 너희 말대로라면 전자는 파동이자 입자라는 건데, **불확정성**은 전자가 파동과 입자 사이의 어디쯤에 있다는 뜻이잖아.

　너희는 '전자 파동'과 '전자 입자'를 동시에 본 적이 없잖아, 그런데 그걸 어떻게 증명하지??

이때 보어의 머리에 번뜩 떠오르는 것이 있었다. "전자가 파동이자 입자라고 해서, 대체 누가 **두 가지 상태**를 동시에 관찰할 수 있다고 했나?"

우리는 둘 중 어느 한 가지 상태만 볼 수 있을 뿐이다. 관건은 그것이 무엇이냐가 아니라, 우리가 그것을 **어떻게** 관찰할 것인가이다.

여기에 설득력을 높이기 위해 보어는 상보성 원리라는 **최종 변론**을 준비했다.

상보성 원리

파동과 입자는 동시적으로는 상호 배타적이나 더 높은 차원에서는 두 성질이 하나로 통합되어 있다.
전자의 이러한 양면성은 전체 개념 안으로 수용해야 한다.

그러므로 어떤 물리량 탐구도 의미가 없다, **어떻게** 관측할 것인가를 말하지 않았다면.

우리의 관측행위 자체가 관측결과에 영향을 미친다구.

아… 그런 말은… 좀 어지러워.

외부의 물리학자들은 머릿속이 **아득**해졌다. 도대체 무슨 말인지 이해할 수가 없었기 때문이다

사실 코펜하겐 학파의 학자들은 보른부터 하이젠베르크, 보어에 이르기까지 전부 말솜씨가 뛰어난 사람들이었다.

확률론적 해석, 불확정성 원리, 상보성 원리는 모두 우주에 대한 인간의 **궁극적 인식**을 뒤엎었다.

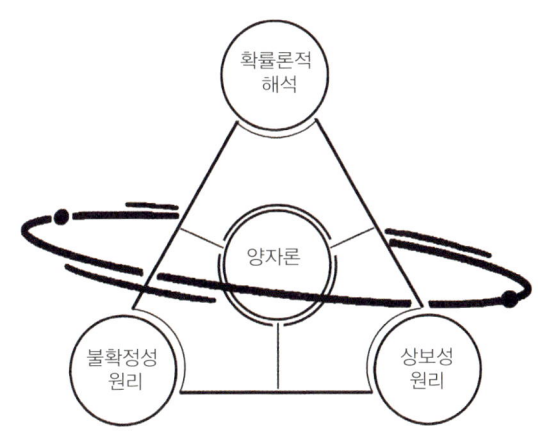

이 세 가지는 모두 양자론에서 '**코펜하겐 해석**'의 핵심을 이룬다. 확률론적 해석과 불확정성 원리는 세계의 인과성을 무너뜨렸고, 불확정성 원리와 상보성 원리는 세계의 절대적 객관성을 부수어버렸다.

이것은 다르게 표현하면, **객관적으로 실재하는** 세계란 근본적으로 존재하지 않는다는 말과도 같았다. 존재하는 것은 오직 우리가 **관측할 수 있는** 세계 혹은 우리가 참여하는 세계인 것이다.

보라, 훌륭한 물리학일수록 철학에 가까워지고, 제대로 된 유물론은 유심론에 가까워진다. 과학자들이 힘겹게 산 정상까지 오르고 보니 그 위에는 이미 **불교의 큰 스님**이 앉아 있었다.

기이하고 측정 불가한 **(신) 양자역학**은 이렇게 성립되었다. 보어를 주축으로 여러 연구자들이 모인 코펜하겐 학파도 어느새 어엿한 규모를 자랑하는 문파로 성장했다.

(신) 양자론은 이성 자체를 위배할 만큼 상당히 기이한 데가 있다. 그러나 바로 그것이 **양자세계**에 존재하는 일체의 불가사의한 현상을 해석한다.

이 과정에서 가장 큰 상처를 입은 쪽은 **슈뢰딩거**였다. 그는 보어 등 여러 인물들이 연합한 벌떼 전술에 그저 혀를 내두를 뿐이었다.

정녕 하늘의 도가 있단 말인가? 저렇게 한없이 **코펜하겐 학파** 멋대로 굴게 두어도 된단 말인가!

슈뢰딩거는 **아인슈타인**의 다리를 붙잡고 늘어지며 보어를 고자질했다.

그는 아인슈타인에게 보어가 **코펜하겐 학파**라는 **물리학 비밀 모임**을 조직, 그 안에 다수의 포악한 자들을 거느리고 있다고 말했다. 그는 자신의 왼팔에 남아 있는 상처도 보여주었다.

아인슈타인은 버럭 화를 냈고,
그 결과는 엄중했다.

격노한 아인슈타인은
어떻게 나왔을까?

소극장 〈가족회의〉

〈끝〉

제4장

아인슈타인과 보어의 전쟁

한시도 마음 놓을 수 없는 모험가들, 보어를 필두로 한 **코펜하겐 학파**는 다시 한번 물리학계를 크게 뒤엎었다

그들의 황당하고도 무모한 도전은 또 한바탕 큰 불을 내고야 말았다.

그들은 세상을 뒤엎고 사람들의 박수를 받으리라 자신했지만, 양자역학의 여정은 결코 순탄하지 않았다.

당장 그들이 넘어야 할 큰 산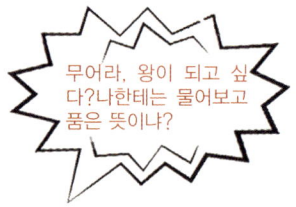은 다름 아닌 신적인 위상의 아인슈타인이었다. 당시 **아인슈타인**은 (구) 양자론을 이끌어낸, 양자역학의 은인이었다.

아인슈타인에게 '양자'라는 말썽꾸러기 는 진작에 내놓은 자식과도 같았고, 코펜하겐 해석 같은 건 근본적으로 그를 설복시킬 수 없었다. 애초에 그가 광양자 이론을 내놓았던 건 그 자신이 인과율과 객관성의 옹호자였기 때문이다. 그러나 양자역학 〈(신) 양자론〉에 대해서는 그저 심드렁할 뿐이었다.

그는 보어에 대해 진작 불만이었던 데다, 보어의 이론이라면 온 몸 세포 하나하나가 저항하고 나설 정도였다.

헛소리도 유분수지! 내가 달을 보지 않으면, 달은 존재하지 않는 게 되나?!

선비는 죽일 수 있어도 욕되게 해서는 안 되는 법이다. 코펜하겐 학파가 자신의 어린 동생 **슈뢰딩거**를 무시했으니, 아인슈타인은 언제 한번 그들에게 참된 교육을 하러 가야 했다.

그러나 코펜하겐 학파의 젊은 과학자들은 권위라는 걸 믿지 않았고 그것에 주눅 들지도 않았다. 더욱이 그들은 모든 걸 내던지고 싸울 만큼 전투력도 막강했다. 심지어 학파의 거두인 보어는 북유럽의 해적인 바이킹의 후예로, 어릴 때부터 성미가 괴팍하기로 소문났다.

괴팍한 상대와 까칠한 집단의 만남이었다. 아인슈타인과 한판 붙기로 했다면 그들 자신도 생사를 각오해야만 했다. 이렇게 물리학 역사상 가장 유명한 **현실PK**가 시작되었다.

한쪽은 대서사시급 영웅신, 다른 한쪽은 천재들로 이루어진 드림팀. 의심의 여지없이 세기 최고의 대결이었다.

코펜하겐 학파와 아인슈타인 사이의 현실PK는 총 **3차례**에 걸쳐 이루어졌다. 3차례에 걸친 현실PK 대전은 양자역학을 20세기 물리학에서 가장 위대한 양대 이론 가운데 하나라는, **중요**한 위치에 자리매김하게 했다.

1927년 10월 24일, 제5차 솔베이 회의가 열렸다. 이곳이 바로 이들의 첫 번째 PK 현장.

현장은 떠들썩했다. 물리학계의 내로라하는 인사는 거의 다 모인 자리였다. 아인슈타인, 보어, 슈뢰딩거, 드 브로이, 보른, 플랑크, 랑제만, 디랙, 퀴리 부인 등 29명의 참가자 가운데 무려 17명이 노벨상 수상자였다!

이러한 '물리학 슈퍼스타 드림팀'은 인류 역사상 가장 두뇌가 우수한 사람들의 단체 사진 을 남겼다. 이전에는 볼 수 없었고 이후에도 다시 볼 수 없을 명장면이었다.

파울리, 또 딴 짓이야? 카메라 좀 똑바로 봐!

이 슈퍼스타 드림팀은 **세 진영**으로 나뉘어 있었다. 하나는 보어를 필두로 하이젠베르크, 보른, 파울리, 디랙 등으로 구성된 코펜하겐 학파.

으아, 우리가 왔다!

코펜하겐 학파

디랙은 자신만의 δ(델타)를 꼭 껴안고 고개를 푹 숙인 채 사람들 뒤만 따라갔다.

$p \times q \neq q \times p$라는 비밀을 조금 늦게 발견했을 뿐인, 뭐든 도전해보고자 피가 끓는, 하이젠베르크와 이름을 나란히 하기에 충분했던 열혈 학자인 그는, 다만 낯을 조금 가리는 편이었다. ㅌ..ㅌ

두 번째 진영은 저들의 적수, 아인슈타인을 필두로 한 **반대파**였다.

아인슈타인의 다리를 붙잡고 늘어졌던 슈뢰딩거와 귀족 드 브로이 등이 여기 속했다.

한편, 누가 누구와 싸우든 오직 실험 결과에만 관심 있는
유유자적파도 있었다.

맨 앞줄의 브래그(William Bragg, 1862~1942)와 콤프턴, 그 뒤의 퀴리 부인과 드베이어(Peter Debye, 1884~1966) 등이 바로 이런 세상 피곤한 일에는 일절 관심 없는 사람들이었다.

가장 먼저 자리에 나타난 사람은 브래그와 콤프턴이었다.

이들은 연단에 올라 자신이 최근 매진하고 있는 실험에 대해 침이 마르도록 열심히 설명했다. 물론 연단 아래의 두 적대 진영은 그의 이런 설명을 전혀 듣고 있지 않았다. 이들의 머릿속은 어떻게 하면 상대편을 꼼짝 못하게 할까 하는 생각으로만 꽉 차 있었다.

반대파는 형식적인 박수만 몇 번 치는 둥 마는 둥 하다가, 드디어 결전 태세를 갖추고 링 위로 올라갔다. 첫 포문을 연 드 브로이 왕자님은 **유도파**라는 개념을 제시했다. 확률론적 해석을 뒤엎고자 했던 그는 인과관계로 파동역학을 설명했다.

그는 먼저 상대편을 향해, 자신이 제시하는 물질파('물질도 파동'이라는 주장)를 자네들은 이해하지 못할 거라고 말했다.

입자는 파동방정식의 **특이점**으로, 파동 곡률처럼 파동의 유도를 받으며, 이러한 파동은 사실 물질의 **운동궤적**이라는 것.

안타깝게도 '**유도파**'에는 '**물질파**' 만큼의 행운이 따르지 않았다. 곧바로 파울리가 맹렬한 공격을 해왔던 것이다. 파울리는 별명이 '신의 채찍'이었을 만큼 어릴 때부터 성격이 괴팍하고 날카로웠다. 하이젠베르크의 선배였던 그는 교수들에게조차 직설적 비판에 거침이 없었다. 이토록 개성이 강해서 한 마디라도 마음에 들지 않으면 "**우**, **린**, **달**, **라**"라며 곧장 '배타 원리'를 선보이기 일쑤였다.

만약 파동이 물질의 운동궤적이라면, 이 운동은 어떻게 된 일인지 설명해보라. 앞으로 가는 운동? 뒤로 가는 운동? 언제 정지하는데?

 **아인슈타인은 그래도 전부 틀린 건 아니었는데, 너희는 머리부터 발끝까지 다 틀렸어!**

드 브로이 왕자님은 얼굴이 온통 빨개진 채 연단에서 터덜터덜 내려왔다.

나서서 도우려던 슈뢰딩거는 제 목숨도 보전하기 힘들겠다는 생각밖에 안 들었다. 그의 '전자구름'(Electron cloud, 전자가 원자핵 주위에 존재하는 확률적 형태) 이론은 모든과 하이젠베르크로부터 쌍방 협공을 받았다.

슈뢰딩거는 파동은 실제 존재하며, 공간에서 전자의 실제분포는 파동처럼 확산되는 형태라고 생각했다. 바로 이것이 전자구름이라는 개념이었다.

그러나 하이젠베르크는 매섭게 외쳤다. 미안한데, 그 계산에는 너의 이론을 증명할 수 있는 게 하나도 없거든?

슈뢰딩거도 자신의 계산이 불완전하다는 것을 알고 있었다. 그렇다고 이렇게 쌍으로 공격할 것까지야. 너희가 내놓은 **중첩의 원리**야말로 더 어이없고만! 혼자서 보른과 하이젠베르크, 둘을 상대하다 지친 슈뢰딩거는 급기야 자기 삶의 가치마저 회의하는 지경에 이르렀다.

사랑하는 두 동생이 모두 처참하게 패배하고 내려오자, 한동안 침묵만 지키고 있던 아인슈타인은 마침내 **폭발** 했다.

그는 곧바로 **전자가 하나의 슬릿을 통과한 뒤 회절하는 사진** 모형을 제시했다. 칸막이에 작은 구멍(슬릿)을 내고 그 구멍을 향해 전자를 수직으로 쏘면, 전자는 슬릿을 통과한 뒤 약간의 거리를 이동하고 스크린에 닿는다.

그렇다, 너희가 말하는 확률분포는 슈뢰딩거의 '전자구름'보다는 완벽한 설명이다. 하지만 전자가 스크린에 닿기 전까지의 위치는 불확정적이라도, 닿은 뒤의 확률은 **100%**가 되는 것 아닌가? 이런 무작위성은 **원거리 작용**(action at distance, 자력이나 인력 등 질량과는 무관한, 관성균형점을 향해 회귀하려는 원격 힘)을 전제로 해야 하는데, 이것은 상대성 이론에 위배되는 것이다!

코펜하겐 학파는 내심 겁을 먹었다.

당시 아인슈타인은 신과 같은 존재였고, 당대의 거장이었던 보어에게도 우상이었다. 보어는 그런 **거두** 아인슈타인을 반대편으로 둔 채 용감히 일어서야 했다.

보어는 차마 곧장 반격하지 못하고, 감정에 호소하는 패를 먼저 던졌다.

아니 그것은 선생님께서 1905년에 처음으로 제시한 빛의 입자·파동 이중성이 아닙니까?

아니 그것은 선생님께서 당시 기초를 세우신 (구) 양자론의 초석이 아닙니까?

정녕 선생님께서는 새로이 업그레이드 된 양자역학을 수용하여, 이론을 한 걸음 더 진전시킬 생각이 없으신 건지요?

그러나 아인슈타인은 무거운 **철심** 이라도 삼킨 듯 마음을 굳힌 뒤였다. 감정 패 따위 집어치우게, 나는 진리의 편에 설 걸세.

보어는 아무 대답 없는 우상을 바라보며 회심의 일격을 날리기로 마음먹었다.

선생님의 그 모형 또한 측정 당시 측정기구의 전자에 대한 통제 불능의 상호작용을 피할 수 없고, 그렇다면 전자와 **슬릿 가장자리**에는 상호작용이 발생합니다. 전자가 슬릿A을 통과할 때 원거리가 아니라면, 바로 옆에 다른 슬릿이 없다는 걸 어떻게 감지하죠?

이 말은 곧, 선생님의 그 모형 또한 **양자이론**에 부합한다는 뜻입니다. 아니라면, 반박해보시죠.

보어가 내민 무거운 칼은 상대의 치명적인 약점을 직접적으로 향하고 있었다. 아인슈타인은 그 자리에서 반박하고 싶었지만, 반박할 말을 찾지 못했다.

회의장은 새 소리 하나 없이 조용했고… 첫 번째 회의는 그렇게 코펜하겐 학파의 승리로 끝났다.

내가 상대의 실력을 과소평가했다… 아인슈타인은 분이 풀리지 않았다.

무슨 놈의 무작위성, 무슨 놈의 확률분포, 그딴 건 **공상과학 소설**에나 나오는 거지!

나 같이 정통 교육을 받은 과학자는 **인과율**을 절대 포기할 수 없어!

아인슈타인은 또 다른 모형을 제시했다. **전자의 이중 슬릿 간섭 실험.**

통제 가능한 측정장비로, 특정 시점에는 하나의 입자만이 슬릿을 통과하도록 하고 각각의 슬릿은 따로 닫아둔다면, 전자의 **정확한 이동경로와 위치**를 측정할 수 있다.

간섭무늬로 전자파의 파장을 계산 하면 전자의 **운동량**도 정확하게 측정할 수 있다. 어때, 이렇게 하면 너희가 말하는 **불확실성 관계**는 부정되는 거지?

헤헤, 겁먹었니?

아인슈타인은 이 실험에서 승리를 자신했다. 그런데 보어 쪽은 알 수 없는 미소를 짓고 있었다. 아인슈타인 선생님, 어느 한 쪽의 **슬릿**을 닫아버린다면 실험 상태가 완전히 달라지지요! 이중 슬릿일 때의 간섭 현상도 나타나지 않는 상태에서 **실험조차 단일 슬릿 상태로 돌아가 버리면**, 불확정 요소를 하나 더 추가하는 것과 다름없지 않습니까!

아인슈타인은 어안이 벙벙해졌다. 이렇게 또 상대에게 틈을 줘 버리다니! 이 실험은 **상보성 원리**를 반박하지 못했을 뿐 아니라, 오히려 상보성 원리로 전자의 입자·파동 이중성을 설명한 셈이 되어버렸다.

그렇게 두 번째 라운드도 코펜하겐 학파의 승리로 끝났다!

double kill!

거장 아인슈타인이 **두 번이나 패배**하다니! 물리학계는 일제히 흥분했다! 대체 양자역학이란 게 얼마나 **신통방통**하기에? 코펜하겐 학파는 정녕 인류가 쌓아올린 거대한 물리학의 탑을 뒤엎을 것인가?

6일 동안의 회의는 이 두 진영의 **라이벌 대전**이 되어버렸다.

아인슈타인이 아침에 양자역학을 반박하는 실험을 내놓았지만 보어는 그날 만찬이 시작되기도 전에 반박 증명을 내놓았고, 아인슈타인은 만찬을 한술 뜨기도 전에 나가떨어져 버렸다.

아인슈타인은 연전연패할수록 더욱 용기를 냈다. 절대 이대로 물러날 수는 없었다. 그는 분노를 참다못해 마침내 보어에게 명언 하나를 날렸다.

 **보어, 신은 주사위 놀이를 하지 않아!**

물리학에서는 모든 것이 간명하고 명확해야 해. **A**는 **B**의 결과를, **B**는 **C**의 결과를, **C**는 **D**의 결과를 끌어내는 인과율을 따라야 한다고.

보어도 더 이상은 물러설 생각이 없었다. 그는 단호하게 말했다. **아인슈타인 선생님, 신더러 이래라저래라하지 마십시오!**

누가 해적의 후에 아니랄까 봐. 그는 인신공격도 불사했다. 한때는 무조건적인 권위를 멸시하셨던 분이 이제는 스스로 이론적 반박을 부정하시다니요!

과 코펜하겐 학파의 첫 번째 현실PK는 아인슈타인의 처참한 패배로 귀결되었다. 코펜하겐 학파의 대승은 더 많은 학자를 양자론의 문파로 이끌었다.

첫 번째 아인슈타인·보어 논쟁은 그렇게 아인슈타인의 패배로 끝났다.

그러나 아인슈타인은 절대 승복할 수 없었다. 이렇게 쉽게 끝낼 수는 없었다.

그의 휘하에는 여전히 슈뢰딩거와 드 브로이라는 뛰어난 **좌장 이 둘**이나 있었다. 여기에 아인슈타인까지, 세 사람은 각각 하나의 문파를 따로 세울 만한 실력자였다. 이들의 승패가 고전물리학 이론의 생사존망을 결정지을 판이었다. 머리를 맞대고 무려 3년여에 걸쳐 다음 번 **설욕**전을 준비했다.

1930년, 제6차 솔베이 회의가 열렸다. 이들에게는 **두 번째 현실 PK**였다. 같은 계절, 같은 장소, 같은 참가자들.

이번에는 아인슈타인 측도 준비를 단단히 하고 왔다. 선제공격으로 실험 카드를 한 장 내밀었다. 이름하여 **광자상자**.

상자 안에는 n개의 광자가 있고, 시간 간격 Δt 후에 상자를 열면 매번 한 개의 광자만이 방출되며, Δt는 확정적이다. 상자 저울추를 통해 상자의 질량을 측정할 수 있고, Δm만큼의 무게가 줄었다면 Δm을 질량방정식 $E=mc^2$에 대입, ΔE도 확정할 수 있다. ΔE와 Δt를 모두 확정할 수 있으므로 너희의 불확정성 원리, $\Delta E \Delta t > h$는 성립하지 않아!

보어, 선물은 마음에 드나?

아인슈타인의 비밀병기니까!

와, 대단해 보이는데?

이번 공격은 적의 급소를 정확히 찌른 것처럼 보였다. 보어 측은 아무런 반박도 떠올리지 못한 채 한동안 멍하니 있었다.

이번에는 만찬이 시작되기 전의 반격 같은 것 없이 아인슈타인은 느긋하게 만찬을 즐길 수 있었다.

만찬이 끝난 뒤에는 기분이 좋아서 **바이올린**도 한 곡 켰다.

보어는 급히 형제들을 불러 모았다. 코펜하겐 학파 전체가 경계 대비 태세에 돌입했다.

다음 날 아침, 밤새 한 숨도 못 잤는지 다크서클이 턱까지 내려온 보어가 연단에 올랐다.

선생님 말씀대로, 광자가 방출되면 상자는 Δm만큼 무게가 줄어듭니다. 여기까지는 문제가 없어요.

그런데, Δm은 어떻게 측정하죠?

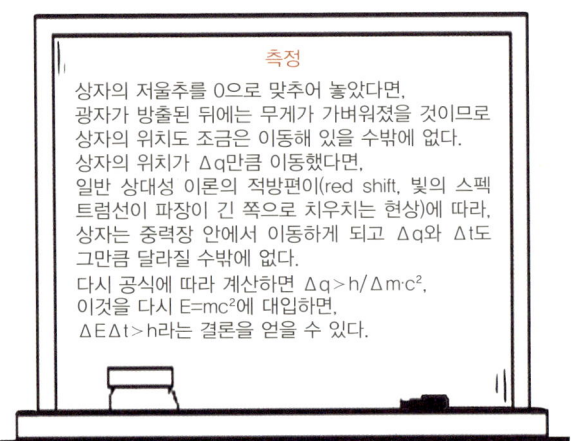

측정

상자의 저울추를 0으로 맞추어 놓았다면, 광자가 방출된 뒤에는 무게가 가벼워졌을 것이므로 상자의 위치도 조금은 이동해 있을 수밖에 없다.
상자의 위치가 Δq만큼 이동했다면,
일반 상대성 이론의 적방편이(red shift, 빛의 스펙트럼선이 파장이 긴 쪽으로 치우치는 현상)에 따라, 상자는 중력장 안에서 이동하게 되고 Δq와 Δt도 그만큼 달라질 수밖에 없다.
다시 공식에 따라 계산하면 $\Delta q > h / \Delta m \cdot c^2$,
이것을 다시 $E = mc^2$에 대입하면,
$\Delta E \Delta t > h$라는 결론을 얻을 수 있다.

이 공식은… 하이젠베르크의 불확실성 관계 아닌가.

아인슈타인 선생님, 혹시 잊으셨습니까. 선생님의 일반 상대성 이론에서 **적방편이**가 바로 빛의 진동수가 작아지는 현상 아닙니까? 중력장은 원자의 주파수를 줄어들게 할 수 있고, 이것이 바로 적방편이이며, 이는 곧 **시간의 진행이 늦어지는 효과**와 같지 않습니까?

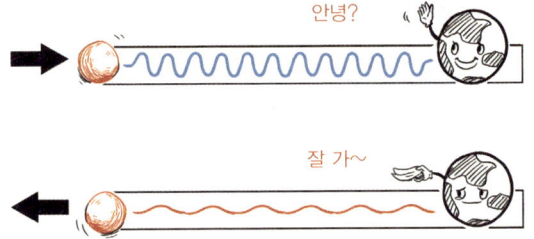

m이나 ΔE를 정확하게 측정하려 해도, 광자가 방출되는 시간 Δt는 통제할 방법이 없어 정확하게 측정할 수가 없습니다.

이럴 수가! 또 다시 나의 **독보적 필살기**를 가져다 나를 패배시키는 데 쓰다니! 아인슈타인은 할 말을 잃었다. 3년이나 이를 갈며 준비했는데. 나와 슈뢰딩거와 드 브로이가 좁고 어두운 방에서 얼마나 계산하고 또 계산했는데. 작은 빈틈도 없을 줄 알았는데. 한방에 때려눕힐 수 있을 줄 알았는데. 이토록 치밀하게 설계한 실험이 또 다시 불확정성 원리를 **뒷받침하는 예증**이 되어버릴 줄이야.

두 번째 현실PK에서 아인슈타인은 또 패배했다! 적들이 내 **창**(일반 상대성 이론)으로 내 **방패**(특수 상대성 이론)를 뚫다니.

아인슈타인은 온 몸에서 힘이 쭉 빠졌다. 나름 명망이 있는 처지에, 울며불며 우기거나 모른 체를 할 수도 없었다.

결국 그는 다소 허세를 부리면서라도 코펜하겐 학파의 이론적 **정합성**을 인정할 수밖에 없었다.

특수 상대성 이론이 일반 상대성 이론에 죽는 꼴을 방치한다면, 나 아인슈타인은 더 이상 아인슈타인일 수 없지.

신이 주사위 놀이를 한다고? 귀신이 씨나락 까먹는 소리일세!

주사위 너머에 그 주사위의 행동을 결정하는 다른 뭔가가 숨어 있는 게 아니라면!

이 최후의 고집은 끝내 아인슈타인의 **집착**이 되었다.

이 무렵 양자론 문파는 끝없이 밀려드는 문하생으로 발 디딜 틈이 없었다. 온 세상이 아인슈타인에게 틀렸다 해도, 아인슈타인은 세상 전체를 **적**으로 돌릴 준비가 되어 있었다.

1933년, 제7차 솔베이 회의가 열렸다. 이 시기 나치의 핍박을 받아 타국으로 망명 중이던 아인슈타인은 회의에 불참했다.

아인슈타인이 빠진 **회의장은 썰렁**하기 그지없었다. 믿고 의지하던 기둥을 잃은 슈뢰딩거와 드 브로이는 (신) 양자론으로 떠들썩한 회의장에서 침묵만 지키고 앉아 있었다.

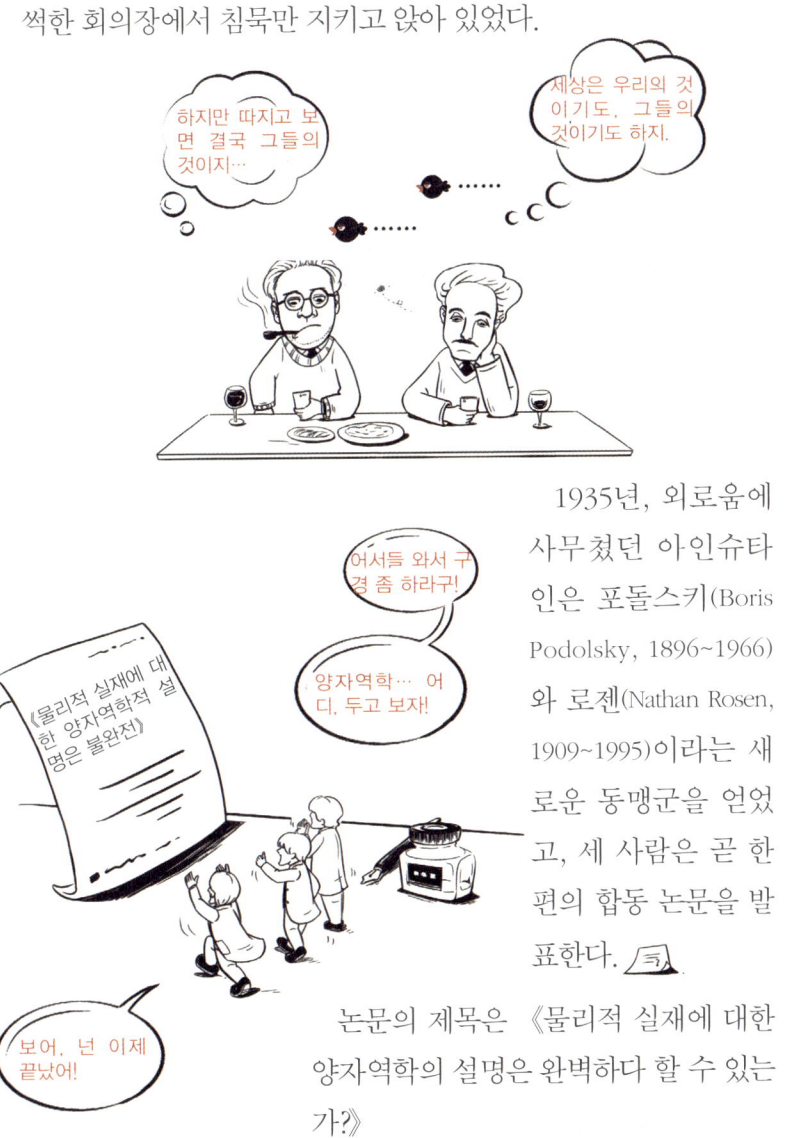

1935년, 외로움에 사무쳤던 아인슈타인은 포돌스키(Boris Podolsky, 1896~1966)와 로젠(Nathan Rosen, 1909~1995)이라는 새로운 동맹군을 얻었고, 세 사람은 곧 한 편의 합동 논문을 발표한다.

논문의 제목은 《물리적 실재에 대한 양자역학의 설명은 완벽하다 할 수 있는가?》

이것이 세 번째 현실PK였다.

아인슈타인은 이전 **피의 굴욕을 교훈으로** 삼았다. 더 이상 양자역학의 정확성은 따지지 않기로 했다. 이제부터는 양자역학의 **불완전성**을 공격하기로 했다.

아인슈타인은 양자역학에 대해 심리적으로 도저히 건널 수 없는 두 가지 늪이 있었다. 하나는, 어떻게 광속 이상의 신호가 전파될 수 있는가? 하는 문제였다. 아인슈타인은 이것을 '**국소성**'(locality, 모든 것은 공간적으로 분리된 다른 영역에서 일어난 작용변수에 영향 받지 않음)이라고 불렀다. 다른 하나는 '**실재성**'(reality)의 문제였다. 사람이 보지 않으면 하늘의 달 은 정녕 없는 것인가?

너희 이론은 내 **'국소적 실재론'**을 위배했으니 너희 양자역학은 불완전해!

이를 위해 아인슈타인은 양자역학이 국소적 실재론을 **위배**했음을 설명하는 실험을 준비했다. 대략적인 내용은 한 개의 모(母)입자는 스핀 방향이 반대인 자(子)입자 A와 B로 분열 된다는 것

이 두 입자는 서로 영향을 받는다. 입자A의 스핀 방향이 왼쪽이라면, B의 스핀 방향은 반드시 오른쪽이다. 이로써 **각 운동량이** 보존되는 것이다. 그 반대도 마찬가지.

양자역학의 해석에 따르면, 이 두 입자는 상호 연계되어 있다. 그럼 이 두 입자가 분리되어 충분히 멀어진 상태라면, 예를 들어 입자A는 은하계의 **이쪽에**, 입자B는 은하계의 **저쪽에**, 서로 10광년 이상 떨어져 있다면. 당신이 입자A를 향해 입김을 훅 불었다면, 설마 입자B도 **바로 그 순간**에 상대적 반응을 일으킨다는 건가?

설마 이 무슨 **유령 같은** 원격작용이란 말인가? 어떻게 광속 이상의 신호가 있을 수 있단 말인가? 이것은 **국소적 실재론**을 위배하지 않는가? 있을 수 없는 일이다. 그러므로 양자역학의 설명은 **불완전**하다!

이상의 서술이 전체 논문의 논거다. 'EPR 역설'로도 불리는 이 사고실험은 세 사람의 이름을 따 이렇게 이름 지어졌다.

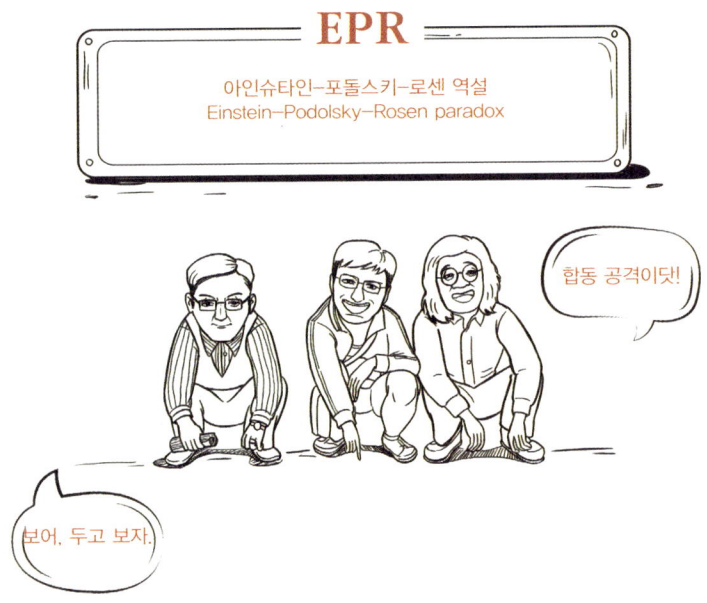

인과성, 초광속 신호, 국소성, 실재성까지 넘나드는 EPR 역설은 엄청 **복잡**하다. 아인슈타인은 자신만만했다. 보어, 이번에는 잠 도 편히 못 들 줄 알아.

그러나 현실은 때로 너무 잔인했다. 보어는 다음 날까지 푹 자고 일어나 침착하게 반격을 내놓았다.

아인슈타인 선생, EPR 역설이란 건 **그냥 헛소리**일 뿐입니다. 제가 국소적 실재론부터 반박해보지요.

두 입자가 관찰 전 각각 **객관**적인 스핀 상태로 존재하고 있다고 **가정**하셨지요?

이렇게 객관적으로 존재하고 있는 두 입자는 어디서 온 거죠?

양자역학 이론에 따르면, 관측 전에는 어떤 세계도 객관적, 독립적으로 존재하지 않습니다. 하물며 두 개의 양자가 객관적이며 독립적으로 존재할 수는 더더욱 없지요. 그것은 본디 상호 연계된, 상호 영향을 받는 전체입니다. 관측한 뒤에야 비로소 입자A, 입자B가 객관적 실재로 존재하는 것이지요. 초광속 신호 같은 걸 따로 전송할 필요 있습니까?

이건 완전히 앞 뒤 가 맞지 않는 말이죠.

우리 둘은 전제부터가 달랐으므로 양자역학의 완전성과 논리적 정합성은 그대로네요.

3차 논쟁에서도 아인슈타인이 이기지 못했다니! 전체 물리학계는 폭발했다. 거장 아인슈타인도 패배시키지 못하는 학파라니!

이로써 3차례에 걸친 현실PK는 막을 내렸다.

철학적 관점의 최종 차이는 두 고집스러운 상대 중 어느 쪽도 설복시키지 못했다.

그러나 보어와 코펜하겐 학파는 3차례에 걸친 대전을 통해 자신들만의 **지위를 확고히** 다졌다.

그럼에도 아인슈타인은 분명 위대한 반대파였다. **학계 거두**였던 그의 반대는 양자역학에 최고의 **시금석**이 되었다. 매번 그가 제기했던 문제는 양자역학에 전진의 큰 발걸음을 추동하는 힘이었다. 아인슈타인이야말로 양자역학 발전을 위해 잠입한 스파이는 아닐까 의심하는 사람마저 있을 정도다.

아인슈타인의 담금질 덕에, 양자역학 본질은 한층 더 깊이 드러났고 학문의 지위는 더욱 굳건해졌다.

더욱이 아인슈타인과 보어의 사적인 관계는 이러한 관념상의 논쟁에 하등 **영향**을 받지 않았다.

아인슈타인은 중대한 난제에 부딪힐 때마다 보어가 떠오르곤 했다. 이런 건 보어랑 얘기해보면 좋을 텐데…! 보어도 이따금 아인슈타인의 반대가 그리워졌다. 당신은 나에게 새로운 생각의 **원천**!

과학계의 두 신적 존재는 중요한 문제를 두고 논쟁할 때마다 늘 이랬지만,

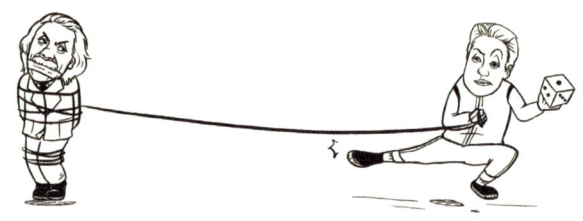

함께 있을 때는 꼭 이랬다.

1962년, 보어가 **세상을 떠난** 다음 날. 사람들은 그가 쓰던 칠판에서 아인슈타인의 **광자상자** 실험 초안을 발견한다.

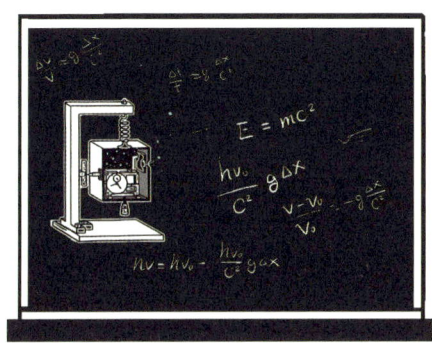

보어는 그렇게 아인슈타인의 반대를 그리워했다. 죽을 때까지도 **마음에서 놓지 못할 만큼**. 이때는 아인슈타인이 세상을 떠난 지 7년이나 지난 뒤였다.

아인슈타인의 **반대**와 코펜하겐 학파의 **추동** 하에, 양자역학은 하늘로 쏘아올린 로켓처럼 빠르게 성장했다.

양자역학은 과학사상 가장 뜨겁고 가장 빛나는 이론이자, 현실 세계에서 가장 중요한 최전방의 학문이며, 그 기이함과 심오함으로 세상 사람들로 하여금 머리를 쥐어뜯으며 빠져들게 하고 있다.

보어의 말처럼 "누군가 양자역학 앞에서 놀라움과 두려움을 느꼈다면 그는 현대물리학을 이해하지 못한 것이다. 마찬가지로, 누군가가 이 이론에 대해 아무런 곤혹감도 느끼지 못했다면 그 또한 이 이론을 진정으로 이해하지 못한 것이다."

그러나 물리학 역사상 가장 위대한 전쟁은 아직도 한참이나 더 남아 있다. **미지의 미시세계**를 탐구하는 양자역학은 그 세계가 심오하여 코펜하겐 학파의 해석도 이토록 기이할 수밖에 없는 것이다. 하물며 전세계의 모든 과학자를 설복시킬 수 있을까? 당장 옆에 있는 친구에게 간단히 이론을 설명하는 것조차 쉽지 않은 일이다.

아인슈타인은 세상을 떠났지만, 새로운 반대파의 싹이 **쑥쑥** 자라고 있었다.

아인슈타인의 계보를 잇는 슈뢰딩거가 팔팔하게 살아 있었고, 그가 거느린 고양이도 **쌩쌩**하고 **발랄**했다.

이 고양이는 전체 양자세계를 꿀꺽 삼킬 기세로 큰 입을 활짝 벌렸다.

이 **요물 고양이**는 앞으로 어떤 파란을 일으키려는 걸까? 양자역학은 어떻게 지금의 자리를 지켜내는 동시에, 전체 학계로부터 보편적 인정을 받을 것인가?

야옹 야옹 야옹.

이 고양이는 대체 뭘 하려는 거지?

소극장 〈보어의 꿈〉

제5장

슈뢰딩거의 고양이

양자역학과의 **3차례 결전**에서 모두 패배한 아인슈타인이었지만, 반대파로서 불꽃 이 완전히 사그라든 건 아니었다.

슈뢰딩거가 데리고 다니던 그 고양이가 **호시탐탐** 양자역학을 노려보고 있었다.

1935년, 아인슈타인의 EPR 역설이 세상에 모습을 드러내자, 슈뢰딩거는 뛸 듯이 기뻐했다. 드디어 양자역학도 **목숨이 다할** 날이 머지않았구나!

그때만 해도 슈뢰딩거는 EPR 역설이 양자역학을 진압 못하리라고는 꿈에도 생각지 못했다.

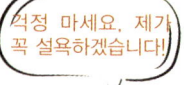

슈뢰딩거는 아인슈타인의 **빛의 띠를** 두른 제자이긴 했지만, 그 자신도 엄연히 일류 실력파 과학자였다.

코펜하겐 학파의 제1 핵심원리인 **확률론적 해석**은 사실 슈뢰딩거 방정식으로 양자의 움직임을 설명하는 것이었다.

코펜하겐 학파는 자신들의 반대파가 썩 달갑지는 않았지만, 슈뢰딩거 또한 양자역학의 **초석을 다진 인물** 가운데 하나라는 사실은 인정하지 않을 수 없었다.

뿐만 아니라, 슈뢰딩거는 **분자생물학**의 **개척자**이기도 했다. 그의 저서 『생명이란 무엇인가』는 지금까지도 베스트셀러 가운데 하나다. 어떤 사람들은 노는 것 같으면서도 세상을 깜짝 놀라게 하는 성과를 내놓는데, 슈뢰딩거가 바로 그런 사람이었다.

그러나 슈뢰딩거의 이름을 **세상에 널리 알린** 건 슈뢰딩거 자신이 아닌, 그가 기르던 고양이였다.

그것은 어디서나 볼 수 있는 여느 평범한 고양이가 아니었다. 향후 양자역학을 통째로 뒤엎어 놓을 대단한 고양이였다.

'슈뢰딩거의 고양이'는 어떻게 생겨난 걸까?

아인슈타인의 연이은 패배에 슈뢰딩거는 몹시 우울하고 답답했다. 그는 EPR 이론을 보고 또 보았지만, 아무런 문제도 찾아낼 수 없었다. 그렇다면 코펜하겐 학파는 하나하나가 궤변의 고수인가라는 생각밖에 안 들었다.

그는 다시 한번 **실험**을 준비하기로 했다. 누구나 한번만 봐도 이해할 수 있는 실험으로. 어떤 실험이 좋을까 생각하며 주위를 둘러보던 중, 고양이가 자신의 논문 《**양자역학의 현상**》을 갈기갈기 찢어놓은 것을 보게 된다! 슈뢰딩거는 머리끝까지 화가 치밀어 오르려던 찰나, 영감이 번득였다. 그래, 이놈의 고양이를 가지고 실험해보자!

슈뢰딩거는 고양이를 불투명한 **상자** 안에 집어넣었다.

상자 안에는 방사성 원자핵과 독성기체가 나오는 액체병이 **실험장치**로 들어가 있었다.

가련한 **고양이**는 산 채로 상자 안에 갇혔다.

원자가 붕괴되면 액체병이 깨지면서 독성기체가 새어나와 상자 안의 고양이는 죽는다. 원자가 붕괴하지 않았다면 고양이는 **살아 있을** 것이다. 양자역학 이론에 따르면, 원자핵은 붕괴와 미붕괴 **상태가 중첩**되어 있다. 그렇다면 이 고양이 또한 원자핵의 중첩 상태와 마찬가지로 **삶과 죽음** 상태가 중첩되어 있다고 할 수 있다.

이것이 바로 그 유명한 '슈뢰딩거의 고양이' 사고 실험(思考實驗)이다.

이런 고양이는 우리의 상식과 배치된다.

슈뢰딩거는 자신만만한 미소를 지으며 말했다.

"보어, 살아 있는 동시에 죽어 있는 고양이를 본 적 있나?"

슈뢰딩거의 고양이 사고실험의 위대함은 눈에 보이지 않는 미시세계를 가시화된 거시세계와 연계시켰다는 데 있다.

이렇게 해서 고양이는 거시세계와 미시세계를 모두 돌아다니는 영물이 되었다.

너희는 보이지 않는 세계를 무시하는 경향이 있지?

내가 너희 코펜하겐 학파의 **추악함**을 온 세상에 까발려 보이겠다!

슈뢰딩거는 최고급 풍자 모형을 만들었다. 너희는 나의 파동함수 방정식으로 입자의 중첩 확률파를 해석해야 할 거야. 어디, 너희 도끼로 너희 발등 찍는 꼴이나 보자!

나라면 죽은 동시에 살아 있는 유령 고양이는 상상도 할 수 없네. 보른, 자네는 본 적 있나?

중첩 상태는 미시세계 양자론의 핵심 아닌가?

내가 그것을 거시세계로 옮겨왔으니, 자네들도 한번 보게. 그게 얼마나 **우스꽝스러운지!**

양자역학의 해석대로라면, 슈뢰딩거의 고양이는 **생사가 중첩된** 상태로 있어야 했다.

고양이를 사람으로 바꾸면 어떻게 될까? 죽어 있지도 살아 있지도 않은 **좀비**?

도저히 생각해낼 수 없는 **괴상망측**한 모습이 아닐 수 없다. 이런 고양이는 많은 과학자들을, 특히 양자역학을 신봉하던 과학자들을 놀라게 했다.

고양이의 등장 이후 많은 물리학자들이 **밤마다 악몽을** 꾸느라 잠도 편히 못 잤다고 한다.

몇 년 후 **스티븐 호킹** (Stephen William Hawking, 1942~2018)도 '슈뢰딩거의 고양이'에 대해 듣게 되었을 때 너무 화가 난 나머지 슈뢰딩거의 고양이를 향해 총을 겨눌 정도였다.

슈뢰딩거의 고양이 실험이 부정한 것은 코펜하겐 학파의 확률론적 해석이었다.

양자역학의 **3대 초석** 가운데 하나가 **무너진다**면, 미시세계로 나아가겠다던 과학자들의 꿈도 철저히 붕괴되는 것이었다.

과학자들은 삶과 죽음의 세계를 모두 돌아다니는 이 고양이를 구해내기 위해 혼신의 노력을 다해 온갖 해석을 내놓았다. 과연 고양이 님이 살아 계시느냐 돌아가셨느냐, 그것이 문제로다.

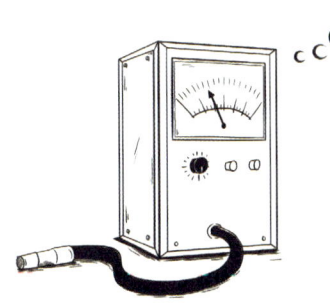

가장 먼저 해석을 내놓은 쪽은 역시 **코펜하겐 학파**였다. 코펜하겐 학파도 내심 자신은 없었지만, 일단 냉정하게 나가기로 했다. 당신의 그 실험상자 안에는 원자의 붕괴를 측정하는 **계수기**가 설치되어 있지 않은가. 그 기계로 측정을 시작한다면 파동함수의 **중첩 상태**는 이미 **붕괴**된 것이다. 그후 고양이가 살았는지 죽었는지는 완전히 고전물리학의 세계에 속하며, **중첩 상태란 존재하지 않는다.**

이런 해석은 얼핏 들으면 꽤 그럴 듯하나… 그렇다, 미시세계는 이미 시작부터 붕괴한 것이다.

그로부터 오래 지나지 않아, 현대 응용 컴퓨터의 시조라 할 수 있는 폰 노이만 (John von Neumann, 1903~1957) 이 정곡을 찌르는 한 마디를 남겼다. 아니, 컴퓨터 자체도 미시 입자로 구성되어 있는 걸!

무한회귀
방사성 원자가 붕괴했는지 아닌지를 계수기로 측정한다면, 원자의 파동함수는 확실하게 붕괴한 것이다.
그러나 계수기의 파동함수도 확정할 수 없다!

B로 A를 측정하고, C로 B를 측정한다 해도 A의 중첩 상태가 B로, B의 중첩 상태가 C로 전이되는 것뿐이어서… 마지막에도, 전체 체계의 파동함수는 **붕괴하지 않는다**.

마지막에 파동함수가 붕괴하는 것은 인간의 의식적인 참여 때문이다. 인간의 참여가 '의식되지' 않으면, 고양이는 살아 있는 동시에 죽어 있을 수 있다. 그렇다면 의식이란 무엇인가? **두뇌**? **영혼**? **생각**?

이런 해석은 너무 **유심주의**적이라 과학의 관할 영역을 한참 넘어서 있다. 그렇다 보니 별별 **사이비 과학, 종교**들이 이런 학설을 끌어다 거창한 헛소리를 하기도 한다. 양자가 우리에게 빛의 신세계를 열어주고 있다는 식으로.

많은 물리학자들이 이를 받아들이기 어려워했다. 과학자로서의 **체면이 땅에 떨어졌다**고 느꼈다.

착잡한 구름이 하늘을 가득 메웠고, 양자역학도 처량하고 비참한 신세가 되었다.

이 시기 아인슈타인의 제자 일파는 조용히 틈을 엿보고 있었다. 양자역학의 거탑이 **의식결정론**에 흔들리는 것을 보며, 기회는 이때다 싶었다.

이들은 조용히 코펜하겐 해석과 반대되는 두 번째 해석을 들고 나왔다.

이들은 양자역학 자체에 반대하는 것이 아니었다. 다만 양자역학의 세계에서 **주도권을 되찾아**오고, 코펜하겐 학파가 차지하고 있던 '**양자 천하**' 를 되찾고 싶었다.

그 대표 인물이 데이비드 봄이었다. 1952년, 봄은 **완전한** 숨은 변수의 체계를 창안했다.

숨은 변수란 무엇인가? 그것은 봄이 아인슈타인과 드 브로이를 계승한 아이디어였다.

당초에 아인슈타인은 주사위 배후에 어떤 **신비한 존재**가 있어서 '그'가 주사위의 행위를 결정하고 표면적으로 **확률론적 무작위성**을 만들어낸다고 생각했다.

제5차 솔베이 회의에서 드 브로이는 입자의 운동을 유도, 통제하는 파장에 대한 **유도파 이론**을 발표한 바 있다. 비록 파울리에게 무지막지한 공격을 받고 중도에 흐지부지 되기는 했지만, 드 브로이는 후배 봄의 인지할 수 없으면서도 주도적 작용을 하는 **변수**라는 **아이디어**에 깊이 이끌렸다.

아인슈타인의 신도였던 봄은 **양자역학**이 좀 더 빛을 봐야 한다고 생각했다.

그러나 코펜하겐 학파가 주도하는 양자론에는 **문제**가 너무 많았다.

봄이 보기에, 코펜하겐 학파가 모호한 현상을 뒤섞어 설명한 것은 숨은 변수의 존재 때문인 것 같았다. 그래서 그는 고도의 수학 계산으로 **유도파를 부활시켰다.** 복잡한 계산으로 수많은 과학자의 고개를 절레절레 내젓게 할 **음함수**를 써내려갔다.

봄은 이 숨은 변수가 바로 아인슈타인이 찾으려 한 **신비로운 힘**이라고 말했다. 그러나 우리는 아직 이것을 발견하지 못했고 발견할 수도 없기 때문에 미시 입자는 불확정적이거나 **중첩된 상태**로 나타난다는 것이 그의 설명이었다.

그러므로 슈뢰딩거의 고양이도 살아 있으면서 죽어 있는 상태일 수 있다는 것이다.

오컴의 면도날
14세기의 논리학자 윌리엄 오컴(William of Ockham, 1285~1349)의 주장으로 '실체에 불필요한 것을 덧보태지 마라', 즉 '사고절약의 원리'를 말한다.
동일한 현상에 대해 둘 혹은 그 이상의 가설이 존재한다면, 그중 가장 간단한 혹은 진위를 증명할 수 있는 가설을 택하는 것이 좋다.

아무리 그럴 듯해도 진위를 증명할 수 없다면, 봄의 음함수도 사람들에게 널리 받아들여지기는 어려웠다!

존재하지만 관측할 수는 없다? 그렇다면 그것은 **존재하지 않는** 것과 어떻게 다르지? 이런 건 그냥 헛소리 아닌가?

이것은 명백히 **오컴의 면도날 원칙**에 위배된다.

생전의 아인슈타인조차 봄의 이런 이론에는 동조하지 않았다.

이런 두 번째 해석에도 물리학자들은 만족할 수 없었다.

전세계의 물리학자들은 **울고**만 싶었다. 슈뢰딩거, 너네 그 고양이 정말 싫어!

진퇴양난이었다. 황금시대의 과학자들은 머리가 하도 지끈거린 나머지 **대머리**가 되어버릴 것 같았다.

1957년, **휴 에버렛**이라는 이단아가 학계에 등장했다. 그는 일견 황당무계해 보이는 세 번째 해석을 들고 나왔다. 이 비범한 인재는 한가로이 술을 마시며 미국의 **수소폭탄** 공격을 위한 계산을 내놓는 사람이기도 했다.

에버렛은 이론 하나에 어쩔 줄 몰라 하는 과학자들을 이해할 수가 없었다.

그는 거침없이 외쳤다. 죽어 있는 동시에 살아 있는 **'중첩 상태'** 같은 건 없어. 고양이가 당신이 봤다고 해서 죽는 게 아니라고. 고양이는 본래 두 마리였어. 그 중 한 마리는 살아 있고 한 마리를 죽은 거지. 이 두 마리의 고양이는 각각 다른 세계에 살고 있는데, 두 명의 '당신'이 각각 다른 고양이를 본 거야.

다들 **중첩 상태**라는 것에만 얽매여 있지 않았나?

이제는 원자도 중첩되어 있고, 컴퓨터도 중첩되어 있고, 고양이도 중첩되어 있다. **달라진 것은** 관측자 자신도 중첩되어 있다는 것. 실은 **모든 세계가 중첩되어 있다.**

당신은 **이 세계에서** 상자 🔲 를 열면 죽은 고양이를 보게 되지만 **다른 세계**의 당신은 살아 움직이는 고양이를 보게 되고, 파동함수는 붕괴되지 않았다.

에버렛이 보기에 양자세계란, 하나의 총체적인 파동함수 중첩계인 전체 우주 안에 포함된 여러 개의 완전히 고립된, 상호 간섭하는 '**자세계**'(子世界)였다.

우주 대폭발 이래, 이 세계는 **각자 진화**되어 누구도 서로를 볼 수 없게 되었다.

이런 다세계 해석(Many Worlds Interpretation, 약칭 MWI)은 수많은 SF영화 속 **평행우주론**의 기반이 되었다.

에버렛은 3천 개의 대(大)세계와 억만 개의 소(小)세계가 있다고 말한다. 양자역학과 불교는 이 지점에서 완벽히 손을 맞잡는다. 설마, 과학의 끝은 현학(玄學)이란 말인가?

아인슈타인이 들었다면 내적 갈등에 빠져들고도 남을 일이었다. 전에는 단지 **주사위** 놀이일 뿐이었는데, 이제는 **정신분열**이 생길 지경이었다. 물리학자들은 벌어진 입을 다물 수 없었다. 이런 이론은 누구도 흔쾌히 받아들일 수 없었다. 이것은 유심론 정도가 아니라 **세계관 자체의 붕괴**였다.

그러나 자신만만한 에버렛은 더없이 만족스러워했다. 그는 자신의 **보물**과도 같은 이론을 들고 멀리 보어를 찾아갔다. 양자역학의 '교주'에게서 인가를 받을 수 있으리라 기대하며.

그러나 그때는 아인슈타인이 세상을 떠난 지 얼마 지나지 않은 시점이었다. 아인슈타인을 추모하고 있던 보어는 에버렛을 거들떠보지도 않았다.

깊이 상처 받은 에버렛은 이후 물리학 연구를 그만두고 무기사업을 시작, 이전까지 자신이 경멸해왔던 관료들과 어울렸다. 그러나 신비의 양자세계에 대한 관심은 여전했다.

그는 평생에 걸쳐 다음과 같은 자신의 관점을 견지했다.

그 어떤 **고립계**도 엄격히 슈뢰딩거의 방정식에 따라 **진화**한다. 어째서 수학 원리에 가설, 조건을 붙여 현실세계를 해석하는가? 수학 원리가 현실세계보다 **진실**하지 못하단 말인가?

신도 이렇게까지 고뇌하는 에버렛의 호소를 들어주신 걸까. **1980년대** 들어 그의 다세계 해석(MWI)은 널리 세상에 알려졌다. 그러나 그때는 이미 에버렛이 세상을 떠난 뒤였다. 그는 죽어서도 신비의 다중세계를 탐구하며 여행하고 있을까?

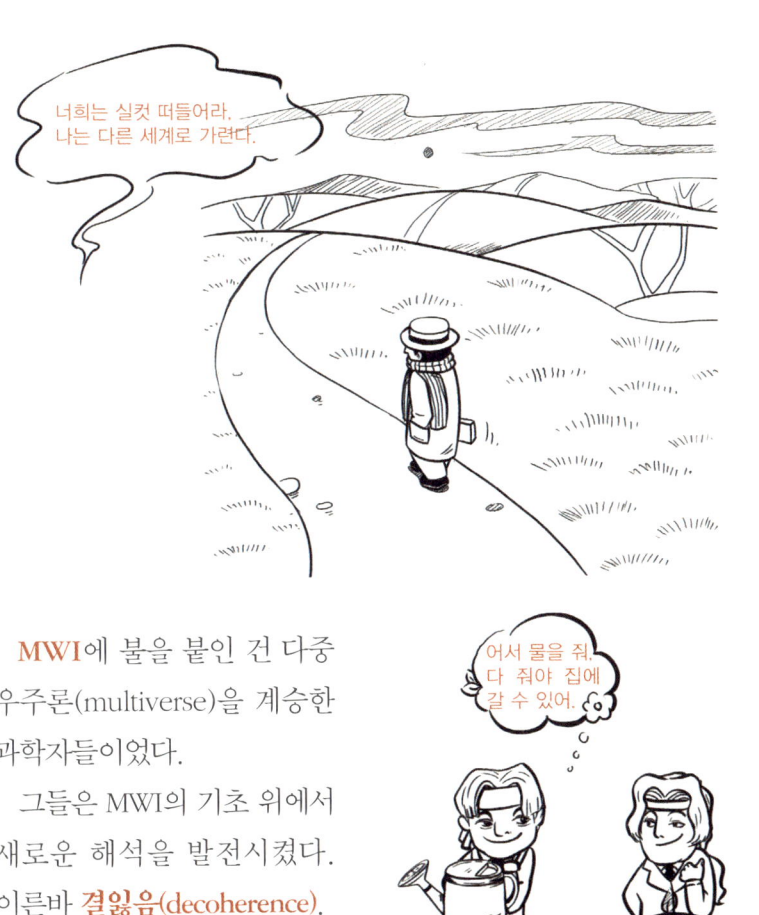

MWI에 불을 붙인 건 다중 우주론(multiverse)을 계승한 과학자들이었다.

그들은 MWI의 기초 위에서 새로운 해석을 발전시켰다. 이른바 **결잃음**(decoherence).

네 번째 해석이라고도 할 수 있는 이 새로운 해석은 오늘날의 주류 해석이기도 하다. 이들은 MWI는 평행세계에서는 왜 거시적으로 중첩 상태가 나타나지 않는가에 대해 해석한다. 좀 더 쉽게 말하면, 우리는 왜 또 다른 평행세계를 **감지할 수 없는가**에 대한 해석이라고도 할 수 있다.

결잃음 이론의 연구자들은 먼저, 죽어 있는 동시에 살아 있는 고양이는 있을 수 없다고 지적한다.

만약 고양이가 살아 있다면, 거듭 **거듭 뒤로 돌아가** 독성기체가 나오는 액체 병도 깨지지 않고 방사성 원자도 붕괴되지 않는다. 그 반대도 마찬가지.

다시 말해, 고양이가 생사 중첩 상태가 아니고 방사성 원자도 중첩되어 있지 않다면, **파동함수는 진작 붕괴되었을 것이다.**

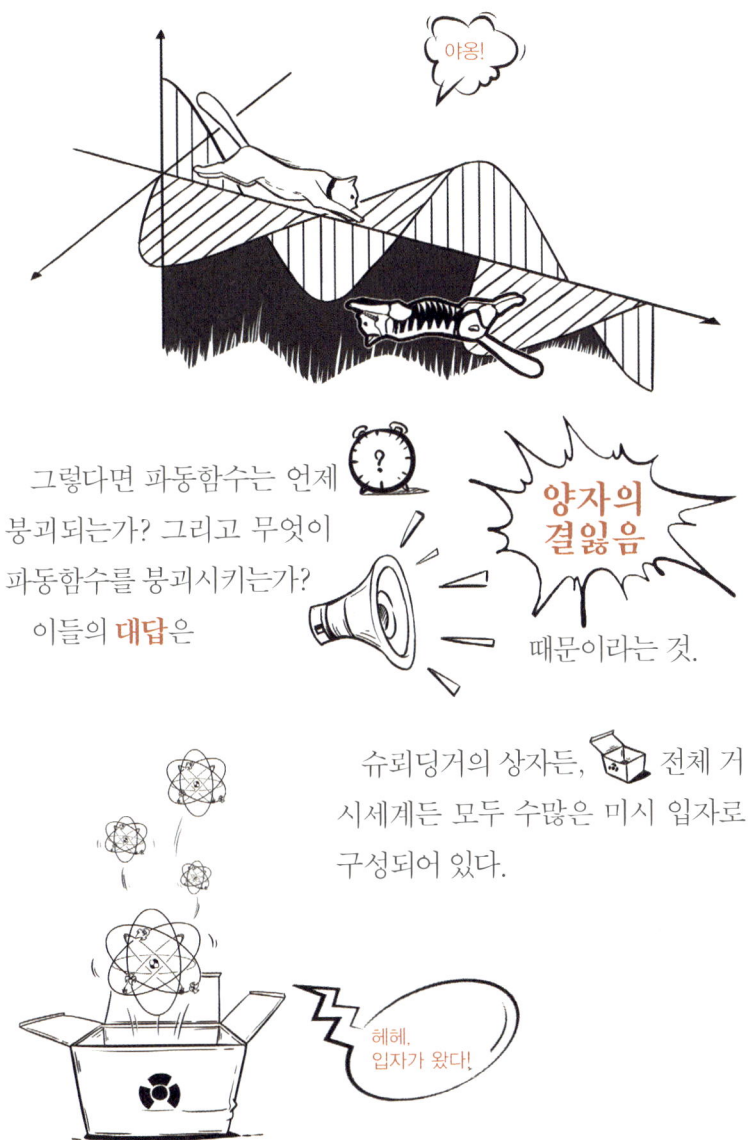

그렇다면 파동함수는 언제 붕괴되는가? 그리고 무엇이 파동함수를 붕괴시키는가? 이들의 **대답**은 **양자의 결잃음** 때문이라는 것.

슈뢰딩거의 상자든, 전체 거시세계든 모두 수많은 미시 입자로 구성되어 있다.

사실 미시 입자들 중첩성은 일종의 **결맞음**(coherence, 파동처럼 결이 맞는 현상)이다. 양자의 결맞음은 외부환경 간섭으로 점차 소멸한다. 즉 다른 입자들이 상자 속 방사성 원자에 영향을 미쳐 최종적으로 거시적 속성을 갖게 되는 것.

양자의 결잃음은 독일 물리학자 **디터 체**(Dieter Zeh, 1932~2018)가 **1970년**에 제시한 개념이다. 그러나 불쌍한 에버렛과 마찬가지로 당시에는 사람들의 관심을 끌지 못했다. '결잃음' 이론은 **1984년**에 **제임스 하틀**(James Hartle, 1939~)이 주목하고 나서야 정식으로 발전한다.

하틀은 캘리포니아 공대에서 박사과정 공부를 하던 학생이었다.

그가 속한 학문적 환경은 정말 대단했다. 지도교수는 **머리 겔만**(쿼크의 아버지)이었고, 또 다른 교수는 **파인만**이었으니.

난 그저 거인의 어깨에 올라 있었을 뿐!

두 큰 스승은 **캘리포니아 공대**의 **양대 거인** 같은 존재였다. 두 사람은 같은 물리학계의 동행이자 경쟁자였고, 두 사람의 집무실도 바로 옆에 바짝 붙어 있었다. 파인만은 수시로 겔만의 집무실을 기웃거리며 그가 무슨 **새로운 연구**를 시작하지는 않았는지 살피곤 했다.

겔만 이 친구, 뭐 하고 있는지 좀 봐야겠어!

1984년, 하틀이 그리피스(Robert Griffiths, 1937~)의 '역사' 논문을 가져다 보여주자, 겔만 교수는 그 자리에서 무릎을 치며 **"그래, 이거야!"** 라고 외쳤다.

겔만은 그 논문을 바로 옆 칸의 파인만이 20여 년 전에 내놓은 **경로적분**과 연결시켰다. 보강판 MWI를 만족시키기에 충분했던 이것은 **결잃은 역사**(Decoherence History, 약칭 DH).

이런 해석은 소위 의식의 흐름보다 더 강력(흠)하다. 파인만, 이번에는 자네 몰래 다른 결과물 좀 내놓겠네.

DH에서는 우주 안에서의 세계는 하나뿐이지만, 역사는 결이 고운 역사(fine-grained history), 결이 거친 역사(coarse-grained history) 등 여러 개가 있다고 생각한다.

> **결잃음 역사**
> 역사란 하나의 계에서 특정 시간 내에 일어난 모든 상태 변화다. 양자 상태가 드러내는 것은 그 계 내부의 모든 입자의 가능한 변화 상태(결이 고운 역사)를 포괄하며, 관측하고 난 사건은 하나의 역사 사건(결이 거친 역사)을 형성한다.

자네도 끼워줄 테니 너무 서운해 말게!

흥, 됐거든!

결이 고운 역사는 양자의 역사이며 확률을 구할 수 없다. 그러나 **결이 거친 역사**는 거시세계에 드러나는 고전적 역사이자 경로적분 같은 것으로, 확률을 계산할 수 있다.

모든 입자는 결이 고운 역사에 중첩되어 있다. **방사성 원자**처럼.

그러나 거시세계에서 우리가 관찰할 수 있는 것은 상자를 연 뒤의 고양이처럼 **결이 거친** 역사다.

양자는 결을 잃었기 때문에 이러한 역사는 영구적으로 **연계**를 잃고, 우리에게 감지되는 상태 **하나만 남은** 것이다.

결국 **무질서하게 얽혀** 있었을 양자는 **상호 독립**된 고전적 세계와 비슷한 모습으로 나타난다.

결이 거친 중첩 상태의 슈뢰딩거 실험에서, 상자를 열면 한 가지 상태(**산/죽은**)의 고양이만 볼 수 있다.

결잃음이 100% 완벽한 이론은 아닐지라도 수학적으로나 철학적으로 **3차원** 세계에 사는 우리에게는 좀 더 수월하게 받아들여진다.

이것은 오늘날에도 양자역학의 주류 이론 가운데 하나로 자리 잡았다. 많은 과학자들이 이 이론을 현실에도 응용하기 시작했다. **양자컴퓨터**와 **양자통신**이 바로 이 결잃음과 투쟁 하고 있다.

미시세계와 거시세계를 모두 돌아다니고 있는 고양이를 구하기 위해서는 여러 가지 성숙한 해석이 무르익을 필요가 있었다. 양자역학의 개국공신 보어가 세상을 떠난 지 몇 년 지나지 않아, 양자국은 또 한 번 대풍년을 맞이했다.

20세기를 떠들썩하게 들었다 놓은 양자역학. 어떤 양자역학 해석이 **가장 인기 있는지** 가려내기 위해 20세기의 마지막 1년에 케임브리지 뉴턴 연구소에서는 투표를 실시했다.

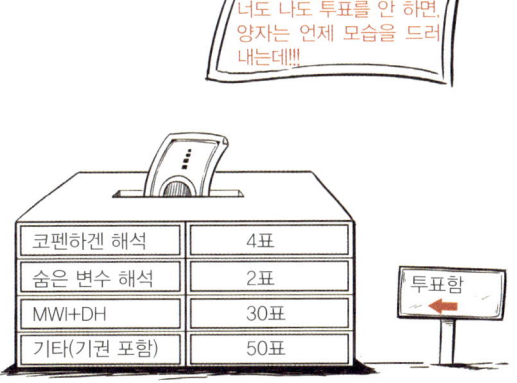

이때는 양자얽힘을 정의하고 파동함수 방정식을 제시한 위대한 과학자이자 풍류 남아였던 슈뢰딩거가 지하에서 **깊은 잠**에 든 지 수십 년도 지난 뒤였다.

그러나 그의 귀여운 고양이는 1935년부터 수십 년간 과학계를 종횡무진 누비는, 과학사상 **최초의 영물**이 되었다.
　슈뢰딩거가 계속 살아 있었다면 자신의 고양이에게 엄청 잘해줬을 거다!

그는 원래 자신의 고양이를 통해 코펜하겐 학파를 비웃고 양자역학을 실컷 조롱할 참이었다. 그런데 뜻밖에도 그의 고양이는 양자세계를 꿋꿋이 지키는 **메기**가 되었다.

슈뢰딩거는 정녕 아인슈타인의 부끄럽지 않은 제자였다. 양자역학의 **발전을 추동**하는 데 힘을 보탠 그 역할은 아인슈타인을 빼다 박았다.

슈뢰딩거의 고양이가 세상을 뒤흔든 지도 수십 년, 과학자들은 아인슈타인이 보어에게 던졌던 질문을 점점 소홀히 했다. 하지만 양자역학은 점점 더 **풍부**해졌고 이론적 체계는 점점 더 **완벽**해졌다.

양자역학은 여러 학술 논쟁에서 거듭 승리했다. 그러나 그것은 진정한 **승리**가 아니었던 걸까? 양자역학에 대한 비판과 의문은 좀처럼 끊이질 않았다.

아인슈타인이 제시한 **EPR 역설**이야말로 난공불락의 **보루**처럼 보였다. 양자세계의 온갖 폭풍을 견디어낸 **국소적 실재론**은 여전히 고전적 세계의 대문을 굳게 지키고 있었다.

아인슈타인은 사는 동안 세 번이나 **패배**했을지 모르나, 죽어서도 보어에게 진심으로 **승복**하지 않고 있었다.

이 두 위대한 과학자 사이의 전쟁은 단순히 개인 대 개인 간 논쟁이 아니었다. 그것은 세계의 본질에 대한 **논변**이었다.

미시세계는 **국소적 실재론**(고전적)에 부합하는가, **양자의 불확정성**에 부합하는가? 어떻게든 결판을 내야 하는 문제였다.

최후의 결전은 1964년에 벌어졌다. 묵은 승부를 이제는 결판내야 했다. 1964년, 아인슈타인의 열렬한 신도였던 **벨**이 EPR 역설에 다시 불을 지폈다.

그는 국소적 실재론을 모든 과학자가 **기꺼이 받아들일 수 있는** 다른 언어로 표현해냈다. 그가 제시한 부등식은

$$|P_{xz} - P_{zy}| < 1 + P_{xy}$$

우주 문명 차원의 수학 언어를 뛰어넘어 '**과학 역사상 가장 심오한 발견**'으로 일컬어진다.

어차피 물리 세계에서는 승부라는 걸 가려낼 방법이 없고, 우리는 다만 본질적인 수학 영역으로 돌아가 **수학으로 누구의 이론이 맞는지 판단**할 수 있을 뿐이다.

이 엄격하고 객관적인 **우주 판결문**은 양자역학과 미시세계의 운명에 최후의 심판을 내렸다.

드디어 최후의 결전이었다. 위대한 **우주 심판**의 시작.

미시세계의 운명은
결국 어떻게 될 것인가?

소극장 〈동물병원〉

제6장

벨 부등식

1960년대는 양자역학의 역사에서 **큰 별들이 진** 시대였다. 아인슈타인이 세상을 떠난 지 얼마 지나지 않아 **슈뢰딩거, 파울리, 보어**가 차례로 세상을 떠났다.

과학사상의 **황금시대**는 그렇게 점점 저물어갔다.

그런데 **미시세계의 참모습**은 도대체 무엇인가? 아인슈타인과 보어 중 누구의 말이 맞나?

이 난제는 선대의 거장들에게 다시금 도전장을 내밀 **신세대 과학자들**에게 남겨졌고, 그들 중 한 사람이 바로 **벨**이었다.

벨이 대학생이던 시절, **양자의 거탑**은 거의 완공 단계에 있었고 보어는 무수한 추종자를 거느린 **교주**였다. 스스로 비범하다 자부하고 있던 벨은 **과학사에서 가장 빛나는 시대**가 저물어가고 있다는 사실이 아쉽기만 했다. 황금시대의 대가들과 정면으로 맞장 한번 떠보고 싶었는데!

그 자신이 보어의 대항자이자 아인슈타인의 추종자였던 벨은 **물리학계에 자신의 이름을 당당히 올릴 만한** 대업을 구상하고 있었다.

슈뢰딩거의 고양이가 학계 전체에 파란의 비구름 을 몰고 다니던 1964년, 벨은 결심을 굳혔다. **비켜라, 내가 간다!**

벨은 양자역학 특유의 주관주의적이며 유심론적인 이론이 마음에 들지 않았다.

그가 추구한 것은 **확정적**이며 **객관적**인 세계였다. 그러나 그것은 아인슈타인조차 수 년간 보어를 상대로 제대로 **지켜**내지 못한 세계였다. 과연 그것을 벨이 해낼 수 있을까?

벨은 자신만의 **비밀** 병기가 있었다. 바로 1952년에 봄이 제시한 음함수였다.

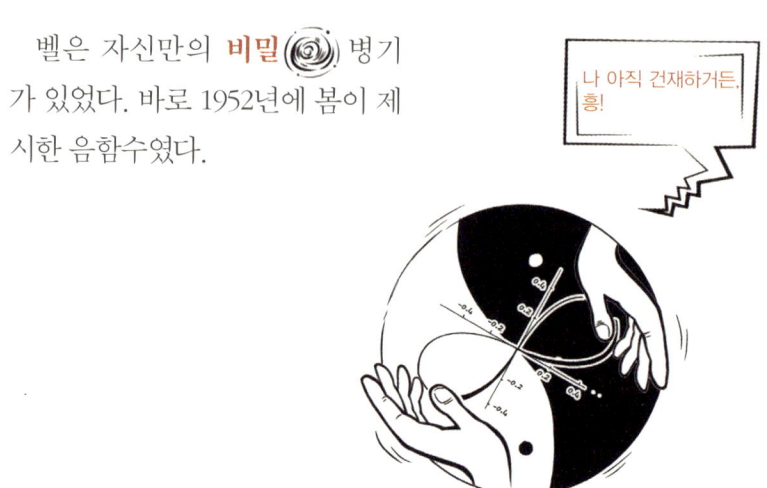

슈뢰딩거의 고양이가 학계를 휘젓고 있을 때 봄은 숨은 변수로 **고양이** 를 잡을 생각이었다. 그러나 고양이는 순순히 잡히지 않았고, 오히려 봄 자신이 무대 밖으로 밀려나버렸다. 이런 시기에 등장한 신세대 과학자의 큰 별은 나치의 박해를 받아 활동이 자유롭지 않았던 **폰 노이만**(John von Neumann, 1903~1957)이었다.

그러나 벨은 숨은 변수로 코펜하겐 학파를 반격할 수 있다고 생각했다.

 '필살기'.

벨은 코펜하겐 학파의 **현학적인** 해석보다 봄의 숨은 변수 이론을 더 좋아했다. 숨은 변수 이론은 비록 국소성을 포기하긴 했지만 세계의 **실재성**을 회복시키고 있었기 때문이다. 벨은 이 기초 위에 **국소적 숨은 변수**의 존재를 증명함으로써 양자역학의 **비국소성**은 틀렸다는 것을 증명하고 싶었다.

그는 **한다면 하는** 성격이었다. 당장 소매를 걷어붙이고 아인슈타인의 오래된 실험인 **EPR 역설**을 다시 연구하기 시작했다.

EPR 역설에서는 하나의 모입자가 **스핀 방향이 서로 반대인** 두 개의 자입자 A와 B로 분열된다. 숨은 변수에 대한 아인슈타인 일파의 생각에 따르면, 두 자입자 A와 B는 각각 남극과 북극에 존재하는 **한 쌍의 장갑** 같은 것이었다. 사람의 관측 여부와 무관하게, 그 장갑은 각각 왼손 아니면 오른손의 것이며 이것은 분열된 그때 이미 확정된 것이다.

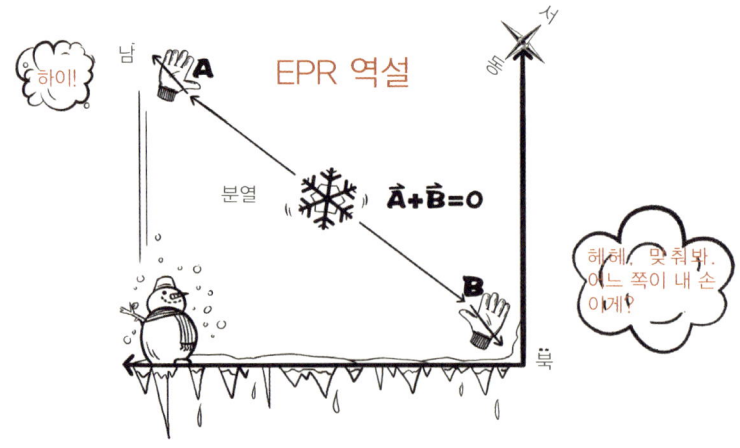

그렇다면 관측하는 그 순간, 서로 얽혀 있던 두 입자는 필연적으로 고전적 세계의 어떤 극한에 존재하게 된다.

긴고테(《서유기》에서 관세음보살이 손오공을 통제하기 위해 씌운, 머리를 옥죄는 도구)의 저주와도 같은 이러한 극한은 대체 무엇이란 말인가?

A, B 두 입자를 3차원 공간 XYZ에 두었을 때 만약 A입자의 X(Y/Z)방향 스핀이(+)라면, B입자의 X(Y/Z)방향 스핀은 반드시(−)가 된다.

Pxy가 입자A의 x방향과 입자B의 y방향 사이의 상관성이라면, Pzy, Pxz도 마찬가지. 그렇다면 다음과 같은 결론을 얻을 수 있다.

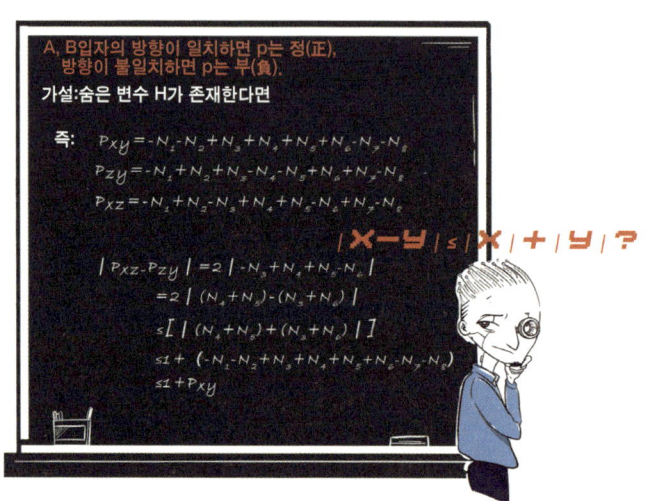

흥분에 찬 벨은 점점 더 A, B 입자의 얽힘 속으로 빠져들어, 최종적으로 다음과 같은 수학 공식을 도출했다.

|Pxz-Pzy| ≤ 1+Pxy

이 부등식은 얼핏 평범해 보이지만, 결코 과소평가해서는 안 된다. ● **우주의 본질**에 대한 최후 판결을 내려줄 귀한 보물이기 때문이다.

공식이 의미하는 것은 다음과 같았다. 만약 우리 세계가 다음 두 가지 성질을 동시에 만족시킨다면, 즉

1. **국소적**이라면, 광속 이상의 신호가 전파되는 일은 없다.
2. **실재적**이라면, 우리의 관찰 여부와는 독립된 외부 세계가 존재한다.

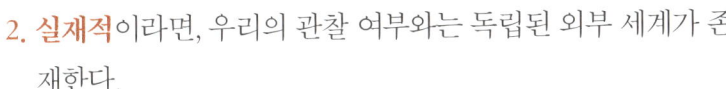

그렇다면 스핀 방향이 서로 반대인 두 입자의 **운동**은 반드시 이 부등식의 제한을 받는다.

간단히 말해서, 이것은 **미시세계가 고전적**이라면 부등식이 성립하고, 그 반대라면 성립하지 않는다는 뜻이었다.

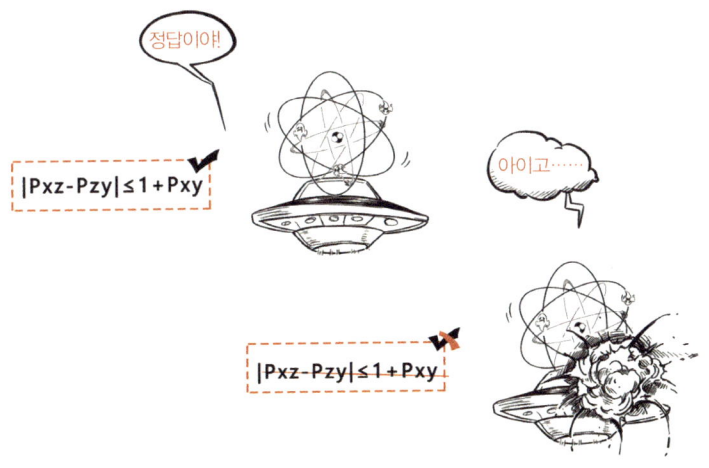

벨은 부등식의 **탄생**을 정식 선포했다.

꽤나 철학적이었던 **과학 논쟁**은 다시금 철저히 **수학 언어로 설명**되는 실험으로 바뀌었다.

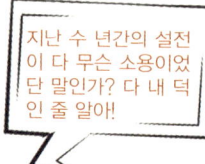

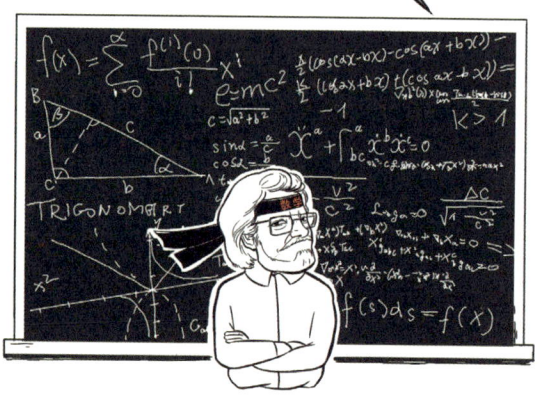

숨은 변수 이론으로부터 도출한 이 공식은 **기이하거나 모호하지 않았고 더 없이 간결하며 깔끔**했다. 현학적 가상은 수학 앞에서 곧바로 빛을 잃었다.

이 공식은 그 전까지의 교착 상태를 깨뜨렸고, 숨은 변수는 드디어 쨍쨍한 볕을 보았다. **국소적이며 실재적인** 세계가 바로 눈앞에 있었다.

이 모든 것은 지극히 **당연하고 논리적**으로 보였다. 완벽하고 객관적인 수학 언어에 전세계 과학자들이 수긍했다.

자신의 부등식이 모두에게서 **일치된 인정**을 받자, 벨은 기뻤다. 아일랜드풍 탭댄스가 절로 나왔다.

수년 간 끝나지 않았던 '아인슈타인·보어의 전쟁'은 이제 정말로 끝이 나는 걸까?

물리학자들은 세기의 드라마 최종 결말이 궁금해서 **견딜 수가 없었다**.

수학과 호기심이 추동하는 안달을 견디다 못한 물리학자들은 하나둘 직접 EPR 역설 사고모형에 다가가 벨 부등식을 실험해보기 시작했다.

1972년, **존 클로저** (John Clauser, 1942~)가 이 실험에 성공했다.

역사상 최초로 벨 부등식을 검증하는 실험이었다.

하지만 실험 결과는 벨의 **넋을 멀리 멀리** 날려 보내고 말았다. 얽힌 상태의 두 입자는 뜻밖에도 벨 부등식에 들어맞지 않았던 것??!

그렇다면 정말로 **유령 같은** 양자 얽힘이 존재한다는 것인가? 벨이 한결같이 믿어 의심치 않았던 **미시세계의 고전적 성질**은 틀렸단 말인가?

작은 돌멩이 하나가 일으킨 커다란 물결에 물리학계는 다시 한 번 크게 놀라지 않을 수 없었다. 그렇잖아도 **심장이 좋지 않았던** 벨은 하마터면 그대로 쓰러져 죽을 뻔했다.

그렇다고 이 흐름을 막아 세울 수도 없었다. **진리를 찾고자 하는** 과학자들이 하나둘 벨 부등식 실험에 뛰어들었다.

1982년, 파리의 오르세 광학연구소 에서 또 한번 손에 땀을 쥐게 하는, 세간의 주목을 끄는 실험을 진행했다. 모두가 **숨죽인 채** 실험만 지켜보았다.

이 **실험을 주도한** 사람은 당시 박사과정 을 공부하고 있던 알랭 아스페(Alain Aspect, 1947~)였다. 아스페의 실험장치는 클로저의 **유치한** 설비와는 비교할 수 없을 만큼 성숙한 기술 수준을 자랑하고 있었다.

강렬한 레이저 신호를 받고 칼슘 원자를 뚫고 나와 편광기를 향해 날아가는 한 쌍의 광자쌍에, 그야말로 **양자역학 전체의 운명**이 달려 있었다.

24시간의 기다림 끝에, 드디어 결과   가 나왔다.

5개 표준편차 이탈!

실험 결과는 다시 한번 벨의 바람을 저버렸다. 보어가 맞았고, 아인슈타인은 또다시 패배했다!

사람들은 놀라서 **입을 다물지 못했다**.

양자역학을 신봉하던 과학자들은 흥분에 들떴고, 아인슈타인 추종자들의 **마음은 재처럼 타들어갔다**.

세상은 이제 더 이상 이전의 **아름다운** 고전 시대로 돌아갈 수 없게 되었다.

수학은 물리학의 초석이었다. 벨 부등식은 엄밀한 수학으로 전체 아인슈타인 군단을 전멸시켰고, EPR 실험은 종국에 가서 **'EPR 역설'**이 되었다.

이럴 수가! 온 세상이 우리더러 가짜래—

이번 생은 망했어……

우리가 계속 살아야 할 이유가 있을까……

수학의 **'차원축소 공격'**은 도리어 양자역학에 승리를 안겨주었다. 클로저와 아스페 이후에도 완벽주의를 추구하는 일군의 과학자들은 다시금 실험을 이어나갔다.

5배 편차에서 9배 편차로, 다시 30배 편차로
......

모형이 점점 완벽해지고 기술이 더욱 정밀해질수록 보어가 맞다는 사실만 증명되었다.

수 년에 걸친 '아인슈타인·보어의 전쟁'은 최종적으로 '**우주판결문**' 속 벨 부등식 위에 그 종지부를 찍었다.

당신이 믿든 안 믿든, **미시세계**는 그렇게 운행되는 것이었다.

벨 부등식은 보어의 신도들에게 **신경안정제** 를 먹여주었다. 이후, 양자역학의 추종자들은 두 파로 나뉘어 각자의 탐색을 이어나갔다.

한쪽은 활력과 호기심이 넘치는 **이론파**였다.

이들에게 양자역학은 **신비**의 여신 과도 같았다.

이들은 미시세계로 깊이 들어가, **전체 우주를 통일**하고 싶어 했다.

이런 **웅대한 목표**는 하루아침에 이룰 수 있는 게 아니었다.

이 장기적 목표를 달성하기 위해 이론파는 우주를 **4종류**로 나누어 전자기력, 강력, 약력, 중력 4종류의 힘으로 **모든 물리현상**을 설명하고자 했다.

대통일 이론을 찾아 나선 천재 과학자들은 일반 상대성 이론의 중력 하나만 남겨두고, 나머지 세 종류의 힘을 양자역학에 속한 기초 작용력에 집어넣었다. 그리고 최전방의 **끈 이론**에 큰 희망을 걸었다.

대통일 이론

끈 이론에서는 자연계의 기본 단위를 전통적인 의미의 **점 형태의 입자**가 아닌, 작고 미약한 고무줄 같은 '끈'이라고 생각한다. 우리가 각기 다른 방식으로 끈을 튕기면 이 끈이 진동하면서 자연계의 **각종 입자**, 즉 전자, 광자 혹은 중력자가 생성된다는 것.

이렇게 하면 중력에 대해서도 **미시 양자화**된 설명이 가능하고, 앞의 세 종류의 힘과 하나로 통일된다. **미시**(양자역학)와 **거시**(일반 상대성 이론)도 통일될 수 있다.

이론파 과학자들은 끈 이론에 크나큰 기대를 품었다. 그런데 중력이라고 하는 이 **통뼈** 만은 좀처럼 소화시키기가 쉽지 않았다. **초끈** 이론이나 **M이론**은 이제 막 시작 단계에 있어 아직 확실히 **검증된 것은 아니다**.

과학자들은 양자역학이 **최후에 어디에 다다를지** 알지 못하지만, **탐색**의 노력  을 멈추지 않을 것이다. 이들의 가장 큰 꿈은 언젠가 우주 만물을 설명하는 **만능 이론**을 수립하는 것이다.

모두 나의 빛 아래 엎드려 절하라!

이렇게 **원대한 포부**의 이론파 맞은편에는 양자역학 자체를 추구하는 **실천파**가 있다. 실용주의자인 이들은 위대한 양자 응용의 길을 하나하나 개척하고 있다.

그렇지 않아도 양자역학은 **신비하고 어려워서** 이해하기 힘들어하는 사람이 많고, 현실세계에서는 여전히 논쟁이 분분하다.

그러나 실제로는 결코 **허무맹랑**하지 않으며, 온 인류를 위해 열심히 제 **할 일을 하고 있는** 역사상 가장 유용한 이론이다.

실천파들의 이런 **연구와 노력** 덕분에 양자역학은 이미 현대과학의 든든한 **초석**이 되어 있다.

분자생물에서 화학재료로,

원자에서 핵에너지로,

공업에서 군사로,

컴퓨터에서 천문학으로……

양자역학이 아니었다면 CD나 DVD, 블루레이 플레이어도 없었을 것이다.

양자역학이 아니었다면, 트랜지스터나 스마트폰, 컴퓨터, 위성항법도 없었을 것이다.

양자역학이 아니었다면, 레이저도 전자현미경도 원자시계도 핵자기 공명 기기도 없었을 것이다….

보수적으로 추산해도 현대 산업체계의 **70%**가 양자역학과 관련 있고, 선진국의 경우 국내총생산의 **1/3** 이상이 양자역학과 연관되어 있다.

비록 눈으로는 볼 수 없다 해도 양자는 지금도 **당신과 함께 있다**. 응용기술의 결과물이 바로 당신 곁에 있기 때문이다.

이러한 응용기술은 이 세계를 **바꾸었고**, 양자역학은 믿을 수 있는 사실적 근거로 사람들에게 널리 받아들여지고 있다. 👍

과학이론의 정확성은 **실제 응용**이 가장 강력한 증명이다.

과학자들에게는 자신만의 인식기준이 있기에 주관적인 느낌만으로 어떤 사실을 인정하거나 확정하지 않는다. 양자역학은 분명 인류의 **직관과 충돌**하지만, **실험을 통해 검증**되고 나면 광범위하게 응용된다. 우리는 이러한 학문을 **믿을 만한 진리**로 인정하고 계승해나갈 책임이 있다. **지동설**이 그러했고 상대성 이론이 그러했듯 양자역학도 마찬가지다.

양자역학이 아니었다면 **정보혁명**도 없었을 뿐더러 지금의 이 책도 볼 수 없을 것이다.

양자역학이 있었기에 인류는 **새로운 시대**로 한 걸음 더 나아갈 수 있었다.

이 세상을 변화시킨 응용기술로
또 뭐가 있을까?

소극장 〈팬 미팅〉

〈끝〉

제7장

양자역학의 응용

👆 반도체

당신은 지금도 나를 손 위에 올려놓고 있지만, 당신은 내가 누구인지 알지 못한다. 내 이름은 **반도체**(전기를 전하는 성질이 도체와 부도체의 중간 정도인 물질), 바로 당신의 스마트폰 속에 숨어 있다.

사람들은 내가 **차갑고 도도**하다고 하지만, 실은 누구보다도 사람들의 머리를 뜨겁게 하고 있다. 하지만 그게 내 탓은 아니다. 당신도 매일같이 양자역학의 **터널** 효과, **홀** 효과, **광전** 효과와 친해진다면, 사람들은 **어딘가 모르게 당신을 우러르면서도 다가가기 어려워할 것**이다.

사실 내 성격은 **평화롭다**.

당신이 스마트폰에 몰두하느라 **고개를 푹 숙이는 순간**, 내가 바로 거기에 있다.

스마트폰에서 가장 핵심이 되는 **칩**이 바로 나로 만든 것이다.

나의 형은 도체(導體).

내 동생은 절연체.

형은 움직임이 아주 활발해서 몸에 **자유전하**가 많다.

이들은 원자핵의 구속력을 적게 받아서 형은 **전기가 통하기** 쉽다.

동생은 전기가 잘 통하지 않아 전하가 대부분 **원자** 범위 안에 구속되어 있다.

난 **우리집 둘째**, 가장 노심초사할 일 없는 존재다.

양자역학의 **에너지 밴드 이론**이 나에게 초능력을 부여했기 때문이다.

나는 형과 동생 사이에서 가볍게 **대전(帶電) 상태**로 치환할 수 있다.

이런 특수성이 나의 **생존능력을 강하게** 만들어준다. 나는 사람들에게 인기도 많고, 집에서 **돈도 제일 많다.**

스마트폰만이 아니라 거의 모든 **전자설비나 인터넷**과 연관한 산업이 모두 나와 불가분의 관계를 맺고 있다.

내가 가진 게 돈밖에 더 있나?

여기가 바로 그 전설의 실리콘밸리!

나에게 가장 흔한 건 **실리콘**. 이것의 상업적 가치는 대단히 크다.

실리콘밸리도 원래는 실리콘을 기초로 하는 반도체칩을 연구, 생산하던 곳이어서 실리콘밸리로 불리게 되었다.

다이오드, 다이나트론, **집적회로, 레이저,** 컴퓨터, 전하 결합 소자 등… 수많은 전자부품이 다 나의 가족이다.

한 나라의 **정보화** 수준을 가늠할 수 있는 중요한 지표이자 초능력의 소유자이기도 한 나는 전자 시대의 최고 대변인!

다이오드

나는 다이오드. 일명 전기회로의 '교통경찰'로, 전류의 일방통행을 지휘한다.

나는 양극(+)하나와 음극(−)하나, **두 개의 단자**를 가지고 있다. 정방향 흐름은 허용하고 반대 방향의 흐름은 제지한다. 전하는 **양극에서 음극으로**만 흐를 수 있다. 이것이 전기 회로에서 나의 주요 **직책**.

전자회로 부품에 속하는 나의 가장 보편적인 원료는 실리콘과 게르마늄이다. 그래서 나는 **반도체 가족**에도 속한다. 양자역학은 우리 가족 전체에 영혼을 부여했다.

　양자전이를 통해 침투 불가능한 장애물도 뛰어넘는다. 이것이 나의 업무 총칙.

　나의 가족은 세력이 **방대**하다. 일반 다이오드는 TV 등의 스위치에 사용되고, 정류 다이오드는 휴대폰이나 컴퓨터의 충전기에 사용된다. 그 외에 **검파 다이오드**, 정전압 다이오드, 포토 다이오드 등이 있다.

가장 흔히 볼 수 있는 것은 **발광 다이오드**다. 이 다이오드의 다른 이름인 **LED**는 당신도 한번쯤 들어보았을 것이다. 우리는 **전기 에너지를 빛 에너지**로 전환시키는 마법을 부릴 수 있다.

대표적으로 도로의 보행자들에게 안전을 경고하는 **신호등**에 내가 들어가 있다.

우리가 방송국 스튜디오나 **콘서트장**에서 당신의 **스타**를 사면팔방으로 비추면, 곧바로 여러분의 환호성이 터져 나온다.

도시를 **화려하게 수놓는** 거리의 각종 조명 장식물은 말할 것도 없다.

🧙 트랜지스터

내 이름은 **트랜지스터**, 다리 셋 달린 마술사인 나는 20세기 가장 중요한 발명품이다.

1947년, 벨 연구소의 **쇼클리**와 **바딘**, **브래튼**은 크리스마스 이브에 전세계를 향해 대대적인 **서프라이즈 선물**을 준비하고 있었다.

인류는 이들의 선물에 정말로 만족했을 뿐 아니라 이들에게 **노벨 물리학상**이라는 최고의 영예까지 안겨주었다.

나는 반도체로 만들어진, **3개의 단자**를 가진 전자 부품이다. 반도체의 **이원성**을 계승한 나는 마치 **스위치**처럼 도체에서 부도체로, 부도체에서 도체로 전환된다.

나는 전류를 증폭시켜, 미약한 전자신호를 훨씬 선명하게 확대시킬 수 있다.

여러 개의 나를 한 데 모으면 신호를 저장하고 전송할 수 있다. 이렇게 만든 것이 **집적회로**(칩) .

무어라는 사람은 "반도체 집적회로의 성능은 18개월마다 2배씩 증가한다"고 말하기도 했다.

크기는 점점 작아지는 반면, 성능은 더욱 더 좋아지고 있다. 스마트폰 한 대에는 대략 20억 개의 내가 있다. 가장 작은 나는 **10나노미터 이하**, 즉 1미터의 1억분의 1 크기다.

나는 **컴퓨터**의 발전에도 대단히 큰 역할을 했다. 사실 이전의 컴퓨터는 집처럼 커서, **느리고 무겁기만** 했다. 내가 생겨난 뒤에야 컴퓨터는 작고 가벼워질 수 있었고, 연산 속도도 대폭 빨라질 수 있었다.

물론 나의 **응용** 분야는 이게 다는 아니다! 나는 전자기술 발전사의 **이정표이**자, 정보화 시대를 연 주역이다.

레이저

여러분에게도 익숙한… 나는 바로 **레이저**.

1927년, 아인슈타인이 원자의 열평형과 관련된 **A계수**와 **B계수**를 연구하다가 나의 실마리를 발견했다.

어떤 광자가 원자를 자극하면, **자극받은 원자**는 그것과 똑같은 광자를 방출한다.

이런 광자는 보손(boson, 스핀이 0이거나 정수인 입자)처럼 **같은 에너지 상태** 아래 모여 있게 된다. 나중에는 굴릴수록 점점 더 커지는 눈덩이처럼, **안정된 빛줄기**를 이루는데, 이것이 바로 나의 진짜 모습이다.

눈덩이가 이렇게까지 커지면 너무 힘들어.

엉엉엉, 나 아직 허약하다구.

1960년 5월, 갓 세상에 나온 나는 아직 너무 허약해서 발진파장 0.6943㎛(미크론)의 붉은색에 지나지 않았다.

그러나 지금의 나는 **남녀노소 누구에게나** 사랑받는 귀염둥이가 되어 있다. 오늘 저녁에도 앞동 아저씨는 마트에 가서 필요한 채소를 고른 뒤 **바코드**를 찍고 값을 지불했다. 2층 총각은 레이저로 **흉터 제거 시술**을 받은 뒤 얼굴에 부쩍 자신감을 가지게 되었다.

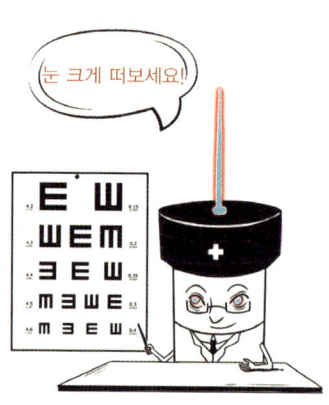

나는 빛의 가족 중에서도 **가장 밝은 빛**이라, 특정 방향으로 발사된 빛을 집중시키면 사람의 눈에 화상을 입힐 수도 있다.

하지만 그렇다고 해서 나를 **두려워할** 필요는 없다. 바르게 사용하기만 하면, **녹내장**이나 근시안을 치료하는 데 쓰일 수 있다.

나는 우주에서 가장 빠른 30만km/s 속도를 자랑하는, 세상에서 '가장 빠른 칼'이다.

자연계에서 가장 단단한 물질인 다이아몬드도 내가 출격하면 순식간에 쪼개버릴 수 있다.

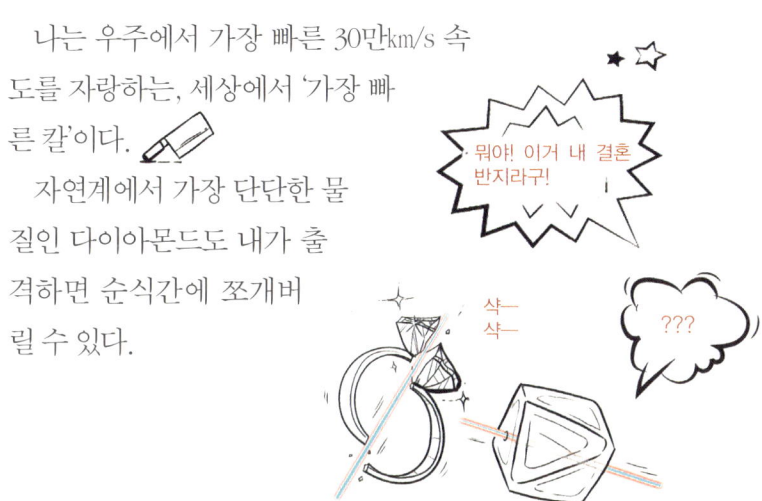

또한 나는 시준(視準, 평행으로 맞춤)에 좋은 가장 **'정확한 자'**이기도 하다. 나를 이용해서 거리를 측정하면, 오차가 다른 광학 거리계의 1/5, 심지어 수백만 분의 1에 지나지 않을 만큼 정확하다.

지구와 달 사이의 거리도 나를 이용해서 측정한다.

나는 비록 **인조광**이지만, **광통신 시대**의 대문을 연 20세기 가장 위대한 발명품 가운데 하나다.

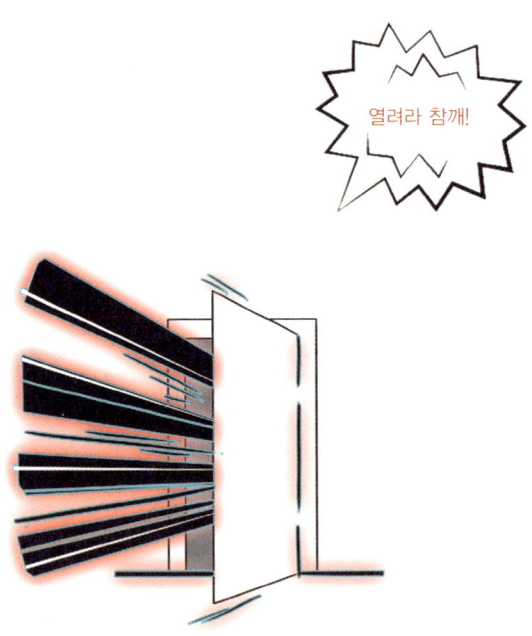

🕰 원자시계

나는 **원자시계**, 시간의 마법 상자다.

누구나 알다시피 시간은 금이고 **하루는 24시간**, 1시간은 60분, 1분은 60초다. 그렇다면 1초는 어느 정도의 길이일까?

1967년부터의 정의에 따르면, 1초는 세슘 원자가 **9,192,631,770회** 진동하는 데 소모되는 시간이라고 한다. 시간에 대한 이런 정의도 **나를 기초로 한** 것이다.

우리 배후의 **양자 원리**는 맥스웰과 켈빈의 다음 같은 관점에서 기원한다.

원자와 분자 사이의 **에너지 전이**에 존재하는 일정한 주파수 특성을 주파수의 기준으로 할 수 있다는 것.

지금까지 가장 정확한 것으로 알려진 원자시계는 **세슘 원자시계**다.

GPS위성시스템이 최종적으로 채택한 것 또한 세슘 원자시계다.

우리는 **전지구적 범위 안**에서 시간 신호를 전송하고 있다.

강력한 GPS(Global Positioning System, 전지구적 위치파악 시스템) 하에서는 **스마트폰** 하나만 있으면 자신의 위치와 시간을 어렵지 않게 확정할 수 있다. **부정확도**는 100나노초 이하, 즉 천만분의 1초 정도에 불과하다.

고도의 시간계산 정확성의 원천인 나는 그야말로 우주급 **롤렉스**라 할 만하다. 내가 제 기능을 못한다면 천문학, 지리학 및 군사 국방학 분야 **등의 모든 과학자들**은 일대 혼란에 빠지고 말 것이다.

나 없었음 너희 다 어쩔 뻔했어!

일반인들은 그렇게까지 **강박증적**으로 정확한 시간이 **무슨 소용이냐**고 생각할 수도 있다.

그러나 시야를 조금만 넓혀 보면, 우주도 **한 편의 시간의 역사** 라 할 수 있다. 아주 작은 오차만으로도 우주는 엉망진창이 되어버릴 수 있기에, **정확성은 생명**이다.

🖌 전하 결합 소자

중국의 현대 시인 꾸청(顧城, 1956~1993)은 "검은 밤은 나에게 **검은 눈**을 주었으나, 👁 그것으로 나는 빛을 찾으리라."고 노래했다. 과학도 당신에게 **한 쌍의 눈**을 주었으니, 그게 바로 나다.

오늘 나는 이 **문학청년**과 승부를 겨루어볼 생각이다.

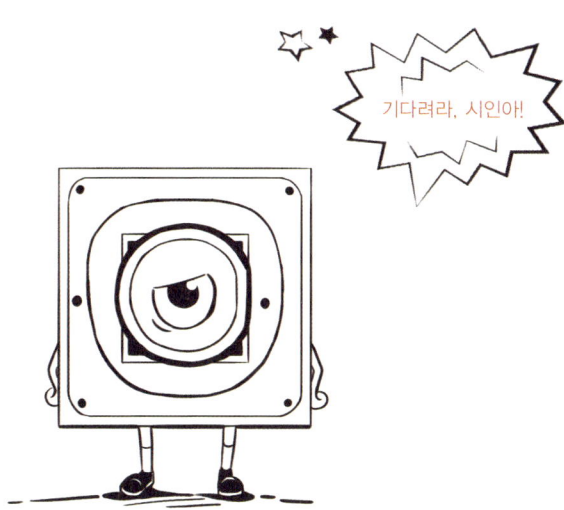

내 이름은 전하 결합 소자(charge-couples device, 약칭 CCD). **이미지 센서**라고 불러도 좋다.

일종의 반도체 장치라고도 할 수 있는 나는 빛을 전하로 전환시킬 수 있다. 아날로그–디지털 변환기(analog-to-digital converter, 약칭 ADC)를 통해 이 전기적 신호를 디지털 신호로 전환시킨다.

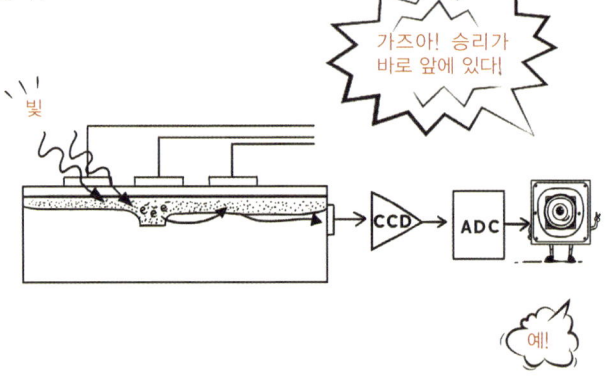

광전 효과로 인해 광자는 전하 신호를 방출하게 된다.

내 역할은 전하를 **저장하고 디지털 신호로 전환**시켜, 한 장의 선명한 이미지로 만들어내는 것.

나는 필름과도 어느 정도 비슷한데, 필름은 필름 자체에서 감광이 이루어지지만 나는 **디지털 신호를 이미지로 만들어낸다**는 점에서 다르다.

내 안에 있는 미세한 감광물질이 바로 사람들이 흔히 말하는 **화소**다.

이 화소의 수가 많을수록 **화면 해상도**도 높아진다.

디지털 카메라 한 대의 '필름'에는 **수백만 개의 내가** 내장되어 있는 것과 같다.

1969년에 **보일**(Willard S. Boyle, 1924~2011)**과 스미스**(George E. Smith, 1930~)라는 물리학자가 나를 발견했다. 참으로 안목이 뛰어난 사람들이 아닐 수 없다.

이들은 나를 발견한 공로로 2009년 노벨 물리학상을 수상했다.

나는 많은 분야에서 큰 힘을 발휘한다. **사람들은** 나를 이용해 셀카를 찍기도 하고, 천문학자들은 나를 통해 머나먼 우주를 바라본다. 우주 안 생명체의 존재 가능성을 탐색하는 **허블 망원경**에서도 나를 찾아볼 수 있다. 흰 가운을 입은 의사들은 내가 들어 있는 **의료용 현미내시경**을 이용해서 미세외과수술을 집도한다.

내 두 눈 아래서는 모든 사물이 **또렷**해진다.
인류는 세계의 신비와 아름다움을 더 깊이 들여다볼 수 있게 되었다. **우주의 광채**까지도 모두 내 눈으로 쏟아진다.

자기 공명 영상

세상 대다수의 원자는 **원자핵 스핀이 0이 아니라는** 특성이 있다. 또, 일정 주파수에 따라 자신의 축을 중심으로 **끊임없이 회전**하면서 자기장을 만들어낸다.

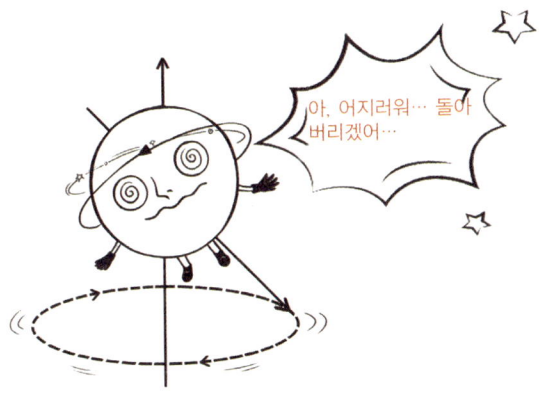

인체 안에 가장 많은 물질도 **수소 원자**이기 때문에 같은 특성을 보인다.

이 수소원자에 특정 전자파 펄스를 가하면, 그 전자파에 반응하여 신호를 흡수하는 **핵자기 공명**이 일어난다.

각기 다른 병리 상태에 있는 수소 원자는 각각 다른 **공명** 현상을 보인다. 이러한 현상을 이미지화한 것이 바로 **자기 공명 이미지**(MRI).

내가 **최초로** 인체 이미지를 촬영한 것은 1978년. 2003년에는 임상의학 분야에서의 성공적 응용을 공로로 노벨의학상위원회에서 폴 로터버(Paul Lauterbur, 1929~2007)와 피터 맨스필드(Peter Mansfield, 1933~2017)에게 직접 연락이 오면서, 이들은 노벨생리의학상을 공동 수상했다.

모든 영상설비 가운데 가장 급이 높은 게 나다.

기본 유형은 '**비조영MR**'(Non-contrast MRI, 혈관에 조영제를 주사하지 않는 검사 방식), 이것으로 대부분의 종양을 진단할 수 있다. 그러나 나에게는 비장의 무기가 하나 더 있다. 바로, **확산강조영상**(diffusion weighte image · DWI). 전신을 샅샅이 검사할 수 있어서, 그물 틈새를 빠져나간 작은 물고기까지 잡아낼 수 있다.

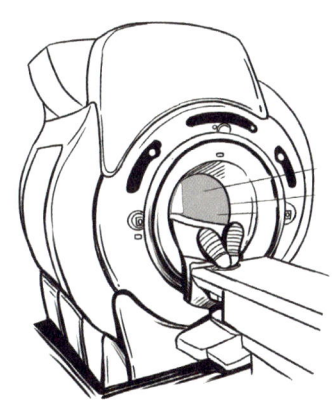

지금의 나는 기술 수준이 더욱 높아져서, **암 치료**만이 아니라 신경계통, **흉부**, **얼굴**, **골반강** 등에도 광범위하게 이용되고 있다.

의사들은 내 도움 덕에 환자의 병을 더욱 정확하게 진단할 수 있게 되었다. 그 어떤 **병마**도 내 앞에서는 금세 물러날 수밖에 없다.

양자컴퓨터

나는 **양자컴퓨터**. 1982년에 **파인만 선생**이 최초로 나를 이용한 양자현상 시뮬레이션을 제안했다. 하지만 나를 직접 본 사람은 많지 않다. 나는 아직 **진정으로 탄생**하지는 않았기 때문이다.

고전적인 컴퓨터가 바로 나의 선배. 선배에 비해 나의 타고난 장점은 바로 **병렬 연산**.

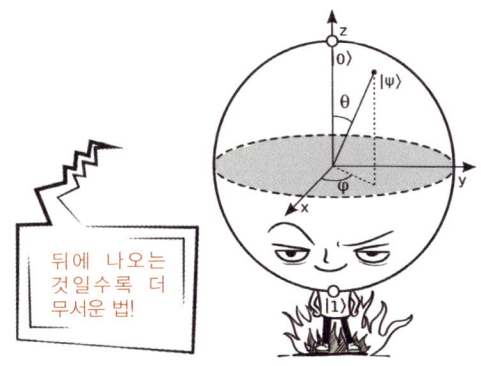

트랜지스터로 이루어진 고전 컴퓨터에서는 스위칭 회로의 신호가 고전적인 비트로 변환된다. 그러나 선배들과 달리, 나의 **양자 비트**는 중첩 상태에 있을 수 있다. 바로 그 살아 있는 동시에 죽어 있는 슈뢰딩거의 **고양이**처럼.

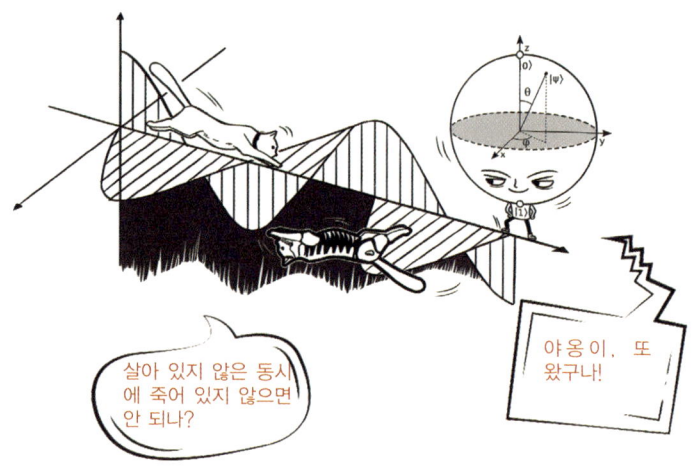

내 연산 능력은 선배들의 능력과 비교가 되지 않는다! 인공지능, **암호 기법**, **유전자 진단** 등 여러 영역에서 탁월한 능력을 발휘할 뿐 아니라 복잡한 **금융모델링**이나 날씨정보도 나에게는 아무것도 아니다.

그러나 나의 **연산 능력이** 아무리 **막강**해도 나를 만들어 내기는 쉽지 않다. 양자는 **결 잃음** 상태에 놓이기 쉽기 때문이다. 지금의 과학 수준으로는 **10쌍의 양자얽힘**만을 처리할 수 있을 뿐이다.

지금의 나는 아직 **상용화** 단계에 이르지 못했다. 그러나 일단 **50개**의 **양자비트**를 다룰 수 있게 되면, 여러분과 만날 수 있을 것이다. 그리 긴 시간이 걸리지는 않을 테니, 기다리시라!

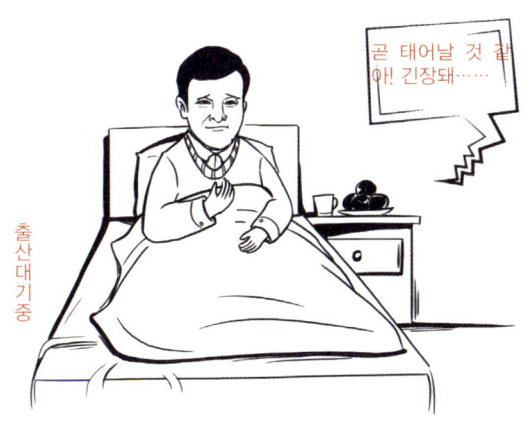

양자통신

우주 끝에 **한 쌍의 유령 형제**가 있다. 이들은 각각 우주의 양 끝에 떨어져 있지만, 서로 마음은 이어져 있고 **성격은 정반대**다. 형이 왼쪽으로 가면 동생은 반드시 오른쪽으로 간다. 이런 유령과도 같은 연결을 **양자얽힘**이라 한다.

나는 **양자통신**, 양자얽힘 이론으로 탄생했다.

　나와 유령 형제는 주로 한 곳의 소식을 다른 곳으로 전달할 때 보안 업무에 종사한다.
　구체적인 업무 내용은 두 가지, **암호화와 전송**이다. 전문용어로는 '양자 암호키 분배'(Quantum Key Distribution)와 '양자 전송'(Quantum teleportation), 양자계의 정보단위인 큐비트(qubit)의 정보를 전송하는 것.

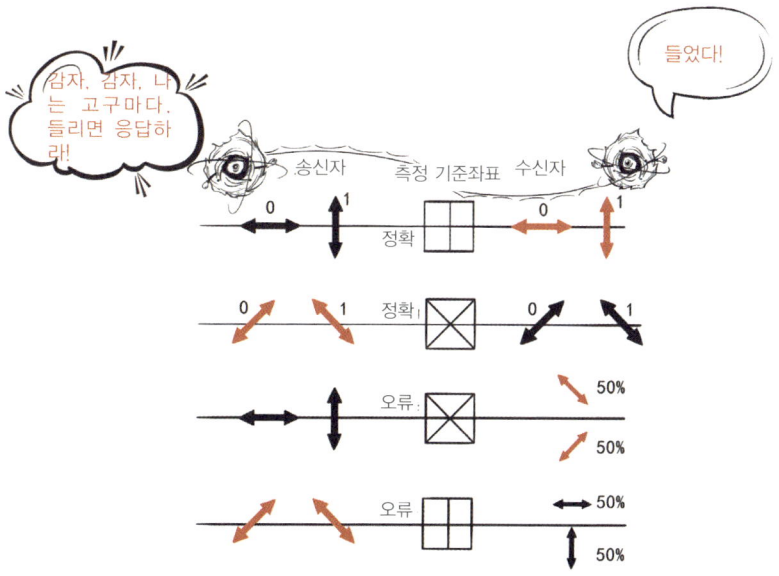

광케이블, 무선 전신 등 **전통적인** 통신 방식은 **도청자**에게 도청당할 가능성이 있다.

하지만 난 다르다! 양자의 복제 불가능 정리에 따라, 누군가가 나를 복제(도청)하려 들면 도도하고 자존심 강해 그것을 '**즉시 없애버린다**'. 그러니 누구도 나를 해독할 생각 말길. 누구든 나를 **도청하고도 들키지 않기를** 바라지 말길.

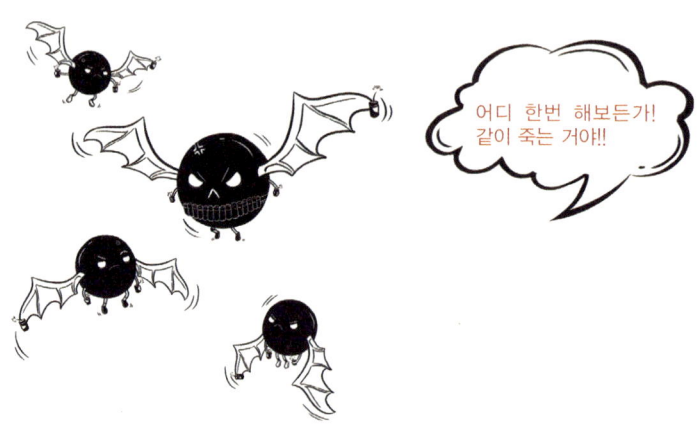

유령 형제에게는 **시공을 뛰어넘는** 능력이 있다. 서로 아무리 멀리 떨어져 있어도 한쪽 상태를 측정하면 다른 한쪽의 상태를 알 수 있다. 광속의 제한을 받지 않고 **양자 전송**을 실현할 수 있다.

이렇듯 통신 분야에서 나는 절대적으로 **효율이 높고 안전**하다. 누군가가 나의 암호를 해독한다 해도 내가 굳이 나서서 **변명할 필요조차 없다**.

2016년 8월, 양자 과학실험위성 '묵자호'가 간쑤성 고비사막에 있는 주취안에서 발사되었다. 이렇게 해서 중국은 세계 최초로 위성과 지구 사이의 양자통신을 쏘아올린 것이다.

일단, 박수는 쳐주도록 하자.

나가면서

주요 인물 살펴보기

아이작 뉴턴 (Isaac Newton, 1643.1~1727.3)

『자연철학의 수학적 원리』라는 저서를 통해 만유인력, 뉴턴의 3가지 운동법칙을 제시했다. 고전역학을 통해 거시물리의 거탑을 세운 뉴턴은 '근대물리학의 아버지'로 불린다.

켈빈 경 (Lord Kelvin, 1824.6~1907.12)
[본명:윌리엄 톰슨(William Thomson)]

열역학의 아버지이자 절대온도눈금을 발명한 사람. "물리학의 거대한 건물은 완공되었는데, 맑은 하늘 저 멀리 불안하고 모호한 구름이 떠가고 있다"고 한 그의 말은 20세기 현대물리학의 두 기둥인 상대성 이론과 양자역학의 탄생을 촉진시켰다.

로버트 후크 (Robert Hooke, 1635.7~1703.3)

뉴턴의 숙적 가운데 한 사람으로, 이론을 실천적으로 응용하는 데 능했다. 현미경, 망원경 등을 발명하여 영국의 '두 눈과 두 손'으로 일컬어지는 과학자.

크리스티안 호이겐스 (Christiaan Huygens, 1629.4~1695.7)

빛의 파동설 창시자이며 근대 자연과학의 주요 개척자 가운데 한 사람. 구심력 법칙과 운동량 보존 법칙을 확립했다.

토머스 영 (Thomas Young, 1773~1829)

보기 드문 전방위 학자로, 그 유명한 이중 슬릿 간섭 실험을 통해 빛의 파동설 기초를 다졌다.

제임스 맥스웰 (James Clerk Maxwell, 1831.6~1879.11)

고전 전기동력학의 창시자. 전자기학을 집대성했고, 맥스웰 방정식으로 전기, 자기, 빛에 관한 이론을 하나로 통합함으로써 과학사에서 두 번째로 위대한 통합을 이루어냈다.

하인리히 헤르츠 (Heinrich Rudolf Hertz, 1857.2~1894.1)

1888년의 실험으로 전자기파의 존재를 증명한 과학자. 훗날 국제전기기술위원회에서는 그의 업적을 기려 주파수 단위를 그의 이름으로 명명했다.

막스 플랑크 (Max Planck, 1858.4~1947.10)

양자역학의 아버지로, 흑체 복사에 관한 논문을 통해 양자이론 탄생을 선포했다. 그의 이름을 딴 상수 h는 물리학에서 가장 중요한 3대 보편상수 가운데 하나.

알베르트 아인슈타인 (Albert Einstein, 1879.3~1955.4)
광양자설을 통해 광전효과의 문제를 해결하고, 상대성 이론을 확립하는 한편, 코펜하겐 해석에 의문을 제기함으로써 양자역학의 발전을 추동했다.

루이 드 브로이 (Louis Victor de Broglie, 1892.8~1987.3)
물질파 이론을 확립하고, '파동-입자 이중성'을 발견함으로써 양자역학의 기틀을 다진 물리학자 가운데 하나.

닐스 보어 (Niels Bohr, 1885.10~1962.11)
코펜하겐 학파의 창시자. 그의 논저 '원자모형 3부곡'은 물리학의 고전이 되었고, 그가 제시한 상보성 원리는 양자역학의 초석이 되었다.

막스 보른 (Max Born, 1882.12~1970.1)
코펜하겐 학파의 양대 기수 가운데 한 사람. 파동함수에 대한 그의 확률론적 해석은 양자역학의 초석을 이루고 있다.

에르빈 슈뢰딩거 (Erwin Schrodinger, 1887.8~1961.1)

파동역학의 창시자로, '슈뢰딩거의 고양이'라는 사고실험으로 유명하다. 그의 저서『생명이란 무엇인가』는 양자화를 생물계로 가져와 '생명현상은 음의 엔트로피로 가능한 자연 현상'이라는 중요한 개념을 남겼다.

베르너 칼 하이젠베르크 (Werner Karl Heisenberg, 1901.12~1976.2)

양자역학의 주요 창시자 가운데 하나. 그가 제시한 '불확정성 원리'와 '행렬역학'은 양자역학에 거대한 공헌을 하였다.

볼프강 파울리 (Wolfgang Pauli, 1900.4~1958.12)

별명이 '신의 채찍'이기도 했던 파울리는 배타 원리로 양자물리학의 발전에 중요한 기틀을 다졌다.

폴 디랙 (Paul Dirac, 1902.8~1984.10)

양자역학의 창시자 가운데 하나. 반물질의 존재를 예언했고, 양자전기동역학을 성공적으로 발전시켰다.

데이비드 봄 (David Bohm, 1917.12~1992.10)
음함수를 제시하는 등 시류에 반하는 두려움 없는 정신과 엄밀하게 실질을 추구하는 과학 태도로 당시 보어의 양자역학에 대한 정통적 관점에 도전, 양자이론에 새로운 해석을 보탰다.

휴 에버렛 (Hugh Everett Ⅲ, 1930.11~1982.7)
평행우주 이론의 아버지. 그가 창안한 다세계 이론은 양자역학의 원리를 해석하는 기존 이론 물리학의 경직성을 타파했다.

머리 겔만 (Murray Gell-Mann, 1929.9~2019.5)
쿼크의 아버지. 양성자와 중성자는 3개의 쿼크로 구성되어 있다는 쿼크 모델을 제시했다. 고에너지물리학(high energy physics, 소립자의 성질, 상호작용, 내부구조를 연구하는 소립자 물리학의 한 분야) 분야의 거인.

리처드 파인만 (Richard P. Feynman, 1918.5~1988.2)
물리학 백은시대(白銀時代, 황금시대에 버금가는 뛰어난 업적의 시기)의 거두 가운데 하나.
파인만 도형, 파인만 규칙, 재규격화 등의 계산법과 나노미터의 개념을 처음으로 제시했다.

존 스튜어트 벨 (John Stewart Bell, 1928~1990)

숨은 변수 이론의 지지자. 미시세계를 최종 심판하기 위해 그가 제시한 벨 부등식은 '과학사상 가장 심오한 발견' 가운데 하나로 꼽힌다.

윌리엄 쇼클리 (Willam Shockley, 1910~1989)

트랜지스터의 아버지. 반도체에 대한 연구와 트랜지스터 효과에 대한 발견으로 바딘(John Bardeen, 1908~1991), 브래튼(Walter Brattain, 1902~1987)과 함께 1956년 노벨물리학상을 수상했다.

고든 무어 (Gordon Moore, 1929.1~)

영국 인텔사의 창업자 가운데 한 사람. 정보기술의 발달 속도에 대해 언급한 '무어 법칙'으로도 유명하다.